百科通识
文库

49

达尔文与进化论

乔纳森·霍华德 著

赵凌霞
何竹芳 译

外语教学与研究出版社

北京

京权图字：01-2006-6861

Darwin was originally published in English in 1982.
This Chinese Edition is published by arrangement with Oxford University Press and is for sale in the People's Republic of China only, excluding Hong Kong SAR, Macau SAR and Taiwan Province, and may not be bought for export therefrom.
英文原版于 1982 年出版。该中文版由牛津大学出版社及外语教学与研究出版社合作出版，只限中华人民共和国境内销售，不包括香港特别行政区、澳门特别行政区及台湾省。不得出口。© Jonathan Howard 1982

图书在版编目 (CIP) 数据

达尔文与进化论 ／（英）霍华德（Howard, J.）著；赵凌霞，何竹芳译. —北京：外语教学与研究出版社，2015.8（2018.12 重印）
（百科通识文库）
ISBN 978-7-5135-6514-1

Ⅰ. ①达… Ⅱ. ①霍… ②赵… ③何… Ⅲ. ①达尔文学说②进化论 Ⅳ. ①Q111

中国版本图书馆CIP数据核字 (2015) 第198822号

出 版 人　蔡剑峰
项目策划　姚　虹
责任编辑　刘爱春
封面设计　泽　丹
版式设计　锋　尚
出版发行　外语教学与研究出版社
社　　址　北京市西三环北路19号（100089）
网　　址　http://www.fltrp.com
印　　刷　中国农业出版社印刷厂
开　　本　889×1194　1/32
印　　张　6
版　　次　2015 年 9 月第 1 版 2018 年 12 月第 2 次印刷
书　　号　ISBN 978-7-5135-6514-1
定　　价　20.00元

购书咨询：（010）88819926　电子邮箱：club@fltrp.com
外研书店：https://waiyants.tmall.com
凡印刷、装订质量问题，请联系我社印制部
联系电话：（010）61207896　电子邮箱：zhijian@fltrp.com
凡侵权、盗版书籍线索，请联系我社法律事务部
举报电话：（010）88817519　电子邮箱：banquan@fltrp.com
法律顾问：立方律师事务所　刘旭东律师
　　　　　中咨律师事务所　殷　斌律师
物料号：265140001

百科通识文库书目

历史系列：

美国简史

探秘古埃及

古代战争简史

罗马帝国简史

揭秘北欧海盗

日不落帝国兴衰史——盎格鲁－撒克逊时期

日不落帝国兴衰史——中世纪英国

日不落帝国兴衰史——十八世纪英国

日不落帝国兴衰史——十九世纪英国

日不落帝国兴衰史——二十世纪英国

艺术文化系列：

建筑与文化

走近艺术史

走近当代艺术

走近现代艺术

走近世界音乐

神话密钥

埃及神话

文艺复兴简史

文艺复兴时期的艺术

解码畅销小说

自然科学与心理学系列：

破解意识之谜　　　　　　认识宇宙学

密码术的奥秘　　　　　　达尔文与进化论

恐龙探秘　　　　　　　　梦的新解

情感密码　　　　　　　　弗洛伊德与精神分析

全球灾变与世界末日　　　时间简史

简析荣格　　　　　　　　浅论精神病学

人类进化简史　　　　　　走出黑暗——人类史前史探秘

政治、哲学与宗教系列：

动物权利　　　　　　　　《圣经》纵览

释迦牟尼：从王子到佛陀　解读欧陆哲学

死海古卷概说　　　　　　欧盟概览

存在主义简论　　　　　　女权主义简史

《旧约》入门　　　　　　《新约》入门

解读柏拉图　　　　　　　解读后现代主义

读懂莎士比亚　　　　　　解读苏格拉底

世界贸易组织概览

目录

图目

引用文献及其缩写形式

以下是我在本书中所引用的达尔文的著作。文中提到这些著作时以书名缩写字母进行标注，随后是相应卷号及参考页码。

A 《达尔文和赫胥黎自传》，由加文·德比尔编辑作序，牛津，1974.

D 《人类的由来及性选择》，共 2 卷，伦敦，1871.

F 《兰花借助于昆虫传粉的种种技巧》，伦敦，1890.

J 《"比格尔号"环球航行所到达各地区的自然史和地质学的考察日志》，伦敦，1882.

L 《达尔文生平及其书信集》，由 F. 达尔文编辑，共 3 卷，伦敦，1888.

M 《达尔文早期及未出版的笔记》，由保罗·H. 巴雷特誊写和注释，见霍华德·E. 格鲁伯的《达尔文论人类：

科学创造的心理研究》，伦敦，1974.

ML《达尔文书信续集》，由 F. 达尔文和 A. C. 苏厄德编

　　辑，共 2 卷，伦敦，1903.

O　《物种起源》，第一版摹写本，厄内斯特·梅尔作序，

　　第四次印刷，剑桥，麻省，1976.

T　《达尔文论物种变化的笔记》，由加文·德比尔等人编

　　辑，《大英博物馆学报》（自然史），历史系列。第 I，

　　II，III，IV 和 VI 部分。伦敦，1960，1967.

V　《动物和植物在家养下的变异》，共 2 卷，伦敦，

　　1868.

序 言

　　达尔文去世一百多年来，关于他对知识的贡献及其研究成果的重要性，仍然有怀疑和非议存在。此时以简明通俗的语言简要介绍一下达尔文的科学研究工作，无疑不失时宜。在达尔文和其贬低者之间，作者并非持中间立场，本书还是有所倾向。达尔文的研究成果对整个生物学思想的发展起到了极为重要的作用，任何能够看懂和理解达尔文研究的生物学家都不会意识不到这一点。但是，我希望本书能客观地介绍达尔文的思想，指出其中一些缺乏一致性或经不起严密推敲和审视的不足之处。也许有人会认为过分强调达尔文对生物学的重要意义会限制达尔文理论的范围和涵义，但这其实是无稽之谈。理解现代进化论就是要认识到：人的生命和人类社会在某种程度上也是生物学问题，尽管用这些术语很难说清楚，但仍是生物学的研究范畴。出于这一原因，本书始终紧扣问题的核心，即达尔文对生物学的贡献而展开。优胜劣汰、适者生存的社会达尔文主义哲学是后来衍生出来的，在达尔文当初的思想中根本没有一席之地。那时，他还看不到生物进化如何能够与社会演化进行任何类比。因此，将社会与政治哲学体系中的达尔文主义与达尔文的生物进化论完全分开而只讨论后者也是合乎情理的。生物学是问题最根本的落脚点，而人们恰恰可能对生物学知识知之甚少。

对于我所进行的达尔文研究，我的朋友和亲密的科研伙伴们给予了极大的支持和理解。在此，我向他们表示由衷的感谢，同时也为给他们带来的麻烦和负担表示歉意。我要特别感谢杰弗里·布彻，我不在的很长时间里，是他接替我管理实验室的繁重工作。

感谢牛津大学出版社当初邀请我写这本书，也感谢迈克尔·辛格先生，他不经意的一番话鼓励我接受了这个邀请，同时还要感谢牛津出版社新老编辑们的帮助，他们为本书的最终出版做了大量工作。

乔纳森·霍华德

第一章

达尔文生平

达尔文的个人资料很丰富，令传记作家们难以取舍。他的父母都是名门望族之后，他们自己的经历也足以引起传记作家的关注。达尔文与他的表妹结了婚，从那时起这个家庭几乎就没有丢弃过任何东西。达尔文在他的私人家庭传记中记载了自己的生活，这些很自然地被保存了下来且得以发表。他毕生从事科学研究所做的笔记和记录，也几乎是完好如初地保存了下来。在长达50年的科学生涯中，达尔文只在3个地方生活过：5年在"比格尔号"考察船上进行环球旅行，4年在伦敦，其余时间住在伦敦以南几英里外的唐别墅（Down House）。他的进化理论始于"比格尔号"航行。他在船上的图书馆非常有名，他的笔记和航海日志都保留了下来。关于这次航行，达尔文写了一本很长的书，"比格尔号"的船长也写了一部。达尔文收集的许多标本至今仍在集中陈列。甚至随行的两位艺术家所创作的有关这次航行的一幅油画现在也还能看到。航海归来之后，达尔文写了一系列的杂记，以奇异独特和引人入胜的细节记录了最初进化理论的发展。进化论有两个完整的初期版本被保留了下来，一个是用铅笔写成的，比较简短；另一个是用钢笔仔细誊写的长版本。

达尔文在其生命的最后 45 年里，健康状况一直很不好，就只好借助大量的通信来开展研究工作。他的信件由其子弗朗西斯（Francis）汇编成五卷，一个收录了 13,000 多封信件的最后版本成形，由剑桥大学出版社出版。与达尔文通信的很多都是杰出的科学家，他们当年与达尔文的来往信件也幸得保存。要知道在那个时代，"生平和信件"可是对已故伟人的常见的纪念方式。最后，达尔文还写下了大量可供出版的科学材料，从简短的笔记、问卷到长篇论文，再到一连串的重要著作。他发表的全部著作都被收录在弗里曼编制的精彩书目中（参见"补充读物简介"）。

即使达尔文不是一个那么著名的人物，留有数量如此惊人的传记资料也足能确保他在 19 世纪的科学史中占有一席之地。事实上，几乎令人难以置信的是：记录这位思想史上的伟大革命者生活的文献竟会如此完整。那么，对这一记录及它对科学史的意义的探索已逐渐发展成了人们有时所称的"达尔文产业"，也不足为奇。

查尔斯·达尔文 1809 年出生于什鲁斯伯里。他的父亲是位著名医生。爷爷伊拉斯谟·达尔文（Erasmus Darwin）则是位更有名望的医生和推理进化论者。他的母亲是陶瓷厂创始人乔赛亚·韦奇伍德（Josiah Wedgwood）的女儿。查尔斯 8 岁时，母亲病故，他主要由姐姐抚养长大。他先在当地的私立学校读书，后来到爱丁堡大学学习医学。由于无法面对重病患者所遭受的痛苦，达尔文放弃了医学，从爱丁堡转到剑桥，想做一名圣公会的牧师。在剑桥求学时，他成了植物学教授约翰·史蒂文斯·亨斯洛（John Stevens Henslow）的门生。在亨斯洛的影响下达尔文对科学产生了浓厚的兴趣；也正是通过他的推荐，达尔文 22 岁时被选中以博物学家的身份参加了皇家舰艇"比格尔号"的考察航行。这次环球旅行历时 5 年，1831 年开始，1836 年结束。在自传中，达尔文总结了"比格尔号"航行对他一生的影响。

"比格尔号"航行是我一生中最最重要的事件，这次航行决定了我一生的事业……我总觉得自己第一次真正的思维训练或教育是在这次航行中完成的。它让我身临其境地接触到了博物学的几个分支，也让我原本就较敏锐的观察能力得到了进一步提高。研究所到之地的地质状况更是极为重要的，因为推理在此要发挥作用。当刚开始考察一个新地区时，没有什么比杂乱的岩石更让人感到绝望的了；但是，通过把许多不同地点的岩石和化石的层理与性质记录下来，不断推测和预测其他地方将会出现的地质情况，很快便会对这个地区有新的发现，对它整个构造的理解也就变得多少有些头绪了。我当时随身携带了赖尔的《地质学原理》第一卷，并且用心地加以研究；这本书从许多方面来说都使我受益匪浅。当我考察第一个地方——佛得角群岛的圣地亚哥岛时，便清楚地体会到赖尔地质学研究方法之优越，远不是我随身携带的或以后读到的其他著作所能比的。我的另一项工作是搜集各种动物的材料……但由于不会绘画，又没有足够的解剖知识，以致于我在航行期间所写的一大堆手稿几乎都是无用的……每天，我都拿出一部分时间来写日记，非常用心地将我看到的一切仔细清楚地描述下来。事实上，这是一种不错的做法……然而，上述各种专业研究，相比起我当时养成的一种习惯——对于自己所从事的任何工作都兢兢业业和专心致志——就显得没那么重要了。我总是尽力把所想到的或读到的一切与我所见到的或可能看到的联系起来，这一习惯在 5 年的航海生活中一直延续下来。我确信：正是这种锻炼才使我日后在科学上有所建树……

至于对自己的评价嘛，我在航海期间勤勉地工作，孜孜以求，既是由于对研究本身充满兴趣，也是因为我非常希望能给自然科学的大量事实再增添一二。当然我也希图能在众多科学工作者中谋得一席之地；至于这种志向与我的同仁相比，算不算是雄心大志，我就不得而知了。（A 44—46）

从"比格尔号"航海归来，达尔文已是一名大有前途的地质学家。他的两个发现：一是关于珊瑚礁起源和分布的综合理论；二是他对持续的大陆快速抬升继而形成安第斯山脉的论述说明，后者虽较传统但却同样让人印象深刻，让当时最伟大的地质学家查尔斯·赖尔（Charles Lyell）对他肃然起敬。他们的终生友谊便由此开始。赖尔是地质科学演化学说的杰出代表人物。这一学说乃是地球史研究方法上的一次革新，它认为如今仍在发生的并且可知的地质变化过程足以解释地壳的演化，根本不必用造物主神奇力量的干预来解释。"比格尔号"航行到南美时，达尔文得到了赖尔的《地质学原理》第二卷，此卷论述了生物进化和动植物的分布。尽管赖尔拒绝接受生物进化论，但《地质学原理》仍是达尔文在"比格尔号"上读到的唯一一本具有重要科学价值的著作。的确，他很少读到过这样的书，正如在下一章中所强调的那样，该书对"比格尔号"航行的科研成果产生了巨大影响。

> 我总感觉我的著作一半是受了赖尔的启发，对此我总是感激不尽；……因为我一直认为《地质学原理》的最大优点在于：它改变了一个人的思维模式。（ML i. 177）

对南美现有哺乳动物和哺乳动物化石之间关系的观察，以及在离厄瓜多尔海岸不远的加拉帕戈斯群岛上所发现的独特动植物种类在南美洲的出现，最终使达尔文确信：赖尔的生物进化观点是错误的。

1837 到 1839 年这 3 年时间里，达尔文在业余时间写

图1 "比格尔号"在庞森比桑德

这幅由康拉德·马滕斯（Conrad Martens）创作的油画展现了1834年12月"比格尔号"在南美洲最南端的火地岛的情形。当时，达尔文参加了一项由船长菲茨罗伊发起的不同寻常的社会实验活动。在早些时候对火地岛的一次考察中，菲茨罗伊停获了3名火地岛的印第安人并把他们带回英国接受文明社会的熏陶。在达尔文参加的这次航行中，"比格尔号"又把他们送回了火地岛，还送去了一名传教士以及一些文明服饰。9天以后"比格尔号"再次返回火地岛时，文明服饰已遭偷窃，传教士也受尽磨难。

了大约 900 页的个人笔记，其中包含了完整的进化理论。占去他余生精力的所有主要问题都被一一谈到了，观点深刻而独到，极富创见。达尔文在很多前沿领域快速形成了他的进化观点，在他的笔记中看不到一个有序积累和逐渐合理化的过程。这个理论作为一个连续完整的论点最先出现在他 1842 年所写的一篇 35 页的概要中，随后又出现在 1844 年的一篇 230 页的论文中。这两次所写的内容原本都不打算出版，但达尔文怕万一会早逝，就提前对 1844 年论文的出版做了精心安排，交待给了妻子。

1839 年，达尔文出版了《航海日志》的首版，为大众读者描述了"比格尔号"航行的经历和发现。让他惊讶的是，这本书很快成为 19 世纪最广为阅读的旅游书籍之一。但《航海日志》中几乎看不出进化思想的痕迹，甚至在 1845 年的新版中也是如此。从 1842 到 1846 年，达尔文共出版了三卷书，讲述有关"比格尔号"航行的地质学研究成果，作为远征考察官方记录的一部分。

1839 年，达尔文与埃玛·韦奇伍德（Emma Wedgwood）结婚，他们的第一个孩子于 1841 年出生。此时，原本体格健壮的达尔文身体状况开始恶化。1842 年，全家离开伦敦搬到肯特的唐别墅居住。此后除了偶尔到伦敦或去拜访亲戚，达尔文离开唐别墅就只是出于健康原因去进行温泉疗养，在那里接受毫无效果和乐趣的水疗。长期的研究也未搞清达尔文究竟得的是什么病。他很容易疲倦、失眠，经常感到腹痛和恶心。他余生里尽管病痛缠身，但仍坚持工作。只要身体允许，每天都花几个小时详细记下关于流逝时日的点滴。

与几位杰出科学家的亲密友谊，特别是与赖尔和植物学家约瑟夫·胡克（Joseph Hooker）的交往，使达尔文在唐别墅的独居生活得到调剂。1844 年的论文刚写完不久，胡克就有幸拜读，享此权利的就仅他一人而已。在继续积累有关物种问题的资料的同时，达尔文还开始了对一个全新领域——人们知之甚少的一类海洋甲壳动物藤壶的分类研究。这是一个浩大的研究工程，其成果于 1851—1854年间出版，立即成为这方面的权威著作。达尔文感觉这一成就并不足以体现他 8 年的工作收获，他的看法可能是对的。然而，物种的分类和定义却是达尔文希望用进化论进行革新的一个领域，这些研究工作肯定是抱了要亲自发现分类中存在的问题这一目的而开始的。尽管进化理论对达

图 2 1840 年的达尔文，已婚，住在伦敦，之后不久即在唐别墅定居
下来，当时他的自然选择进化论的主要论点已经形成。

尔文总的研究方法而言是非常重要的，但在关于藤壶研究的专著中，他并没有明确提到这个理论。

到 1854 年时，达尔文感觉时机已成熟，准备把他的进化论完整呈现给公众，加上有朋友们的催促，他开始着手把 17 年来收集的材料加以整理，写成一本巨著。但最终他没有完成此书，因为 1858 年时，他收到在婆罗洲工作的阿尔弗雷德·拉塞尔·华莱士（Alfred Russel Wallace）的一封信，信里附有一篇简短论文，该论文简明扼要地总结出了整个达尔文理论的内容。这令达尔文既尴尬又难过，进退两难，不知该怎么办，于是他把论文交给赖尔以征求他的意见。赖尔和胡克建议达尔文将自己的部分材料，即 1844 年论文的摘要和 1857 年写给美国植物学家阿萨·格雷（Asa Gray）的信的部分内容，连同华莱士的论文一起寄给伦敦的林奈学会以同时宣读。然而这件事当时并没引起人们的注意，以至林奈学会的主席在对学会的活动进行年度总结时，都忽略了这一可能是所有时期的学术学会活动中意义最重大的事件，竟说道："可以说，今年……的确没有什么重大发现能立即引起相关学科的巨大变革。"

因为懊恼和担心人们能否认可其 20 年研究成果的优先权，加上疾病和丧子之痛，达尔文只好把巨著的写作放到一边，着手写一本摘要性的著作。这就是 1859 年底最终出版的《论物种通过自然选择的起源，或在生存斗争中有利种类的保存》。

《物种起源》的出版立刻引起了公众和科学界的强烈反响。激烈的争辩随之在报纸、杂志及科学会议上展开。达尔文最狂热的支持者，年轻的托马斯·亨利·赫胥黎（Thomas Henry Huxley），是一位才华横溢、能言善辩的解剖学者，他在公众面前坚决捍卫《物种起源》，而此时的达尔文则退避到唐别墅对该书此后的版本作内容上的修补和完善。1860 年英国科学促进协会在牛津举行的一次会议上，牛津主教塞缪尔·威尔伯福斯（Samuel Wilberforce）决心"彻底击垮达尔文"，会议由亨斯洛主持，胡克和赫胥黎都出席了这次会议。由于对自然史了解甚少，威尔伯福斯

滔滔不绝地讲了足足半个小时，情绪激昂，言辞空洞，充满偏见……不幸的是，这位主教慷慨陈词之余竟然忘乎所

以，结果把他原本意欲取得的优势几乎变成了人身攻击，他转向赫胥黎，神气十足地问道：我忘了准确的用词，只能引用赖尔的话，"大主教问赫胥黎，到底是他祖父的一方还是他祖母的一方，是猿猴的后代呢？"（L ii. 321—322）

赫胥黎转向他的这位邻座，说"上帝已把他放到了我的手掌心里"。他轻而易举地回答了威尔伯福斯主教提出的几个科学问题后，便以压倒性的反驳灭了威尔伯福斯的威风，为达尔文赢得了胜利：

"我坚信…一个人没有理由因为他的祖先是猿猴而感到羞耻。如果有会让我感到羞耻的祖先的话，倒是这样一个人，他才智出众但却头脑多变，极不安分，不满足于在自己的领域内取得的所谓成功，硬要插手他一窍不通的科学问题，结果只能是云山雾罩，不知所云地一味夸夸其谈，靠一些慷慨激昂但却不着边际的议论以及花言巧语煽动宗教情绪来混淆视听，蛊惑人心。（L ii. 322）

英国科学促进协会是 19 世纪中期的一个重要论坛。

听说牛津的舌战后，达尔文马上写信给赫胥黎：

> 我从几处都听说，牛津辩论会给了该理论莫大的支持。
> 这次辩论具有重大意义，它向世人表明了有一些杰出人士并
> 不惧怕发表自己的意见。（L ii. 324）

他在信中同时也道出了实情：

> 我由衷地钦佩你的勇气；我宁愿死去，也不会在这样一
> 个会议上来回答那位牛津主教提出的问题……（L ii. 324）

从 1860 年到去世，达尔文撰写了一系列重要著作，
进一步阐述了进化论的多个主题。大多数主题都在《物种
起源》中有所涉及，但每本新书不仅在方法上而且在内容
上都有鲜明的独创性。其中两本书与人类有关，还有一本
书是关于家养状态下的变异，这些著作进一步深化发展了
达尔文在 1837—1839 年间简略提出的观点。有三本是关
于花卉的有性繁殖的，其中两本关于攀缘植物和植物运动
的其他习性，还有一本探讨食虫植物的书，这些都反映了

达尔文对生物适应性这一普遍问题很感兴趣，也说明由于疾病缠身造成的种种限制，他只能在自己的花园和温室里做实验。他的最后一本书，出版于 1881 年，讲述了蚯蚓在腐殖土形成过程中的作用，由此回到了 1838 年他最初出版的科学著作讨论的主题上。

达尔文的疾病和天生羞怯的性格使他远离公众生活。对进化论他既未作过公开演讲，也未撰写过比《物种起源》更通俗易懂的读物。他的名声一半来自个人的努力，另一半则归功于其仰慕者的热情推崇。赫胥黎首次听说自然选择原理时，便如同使徒保罗受到了启示，从此开始极力为达尔文辩护。后来赫胥黎回忆起当时感到自己"简直愚蠢透顶，竟然连这都没想到"。从 1859 年直到 1894 年去世前，赫胥黎一直都在竭力说服那些异常顽固的人接受达尔文的观点。好斗善辩、聪颖机智的他迫使科学与《圣经》的冲突公开化，不给任何想让二者和解的企图留下余地。赫胥黎经常给普通劳工作通俗演讲，从而使进化论深入到这些远离高层宗派冲突的普通百姓之中。正是由于赫胥黎的努力，达尔文革命的进展才如此迅速，以至于所有亲身经历过它的人都把它看作是一场革命。

达尔文对科学的卓越贡献在生前从未得到皇家学会的正式承认。1864 年，他被授予科普利奖章，这是皇家学会的最高荣誉，表彰词中明确提到他的贡献不包括进化论。在他去世后，皇家学会作了补偿，设立了达尔文奖章，它的最初三位获得者便是华莱士、胡克和赫胥黎。

达尔文从家族里继承了足够多钱财，可以保证他不必为谋生而工作。他的书销量很大，也为他增加了收入，加上擅长管理财务，到去世之前，他已变得非常富足。他受到科学界密友的尊敬和家人的爱戴，他对他们也是一片挚爱。家里先后失去了三个孩子，每个孩子的夭折都让他极其悲伤。任何残忍的事情都会使他充满义愤：《航海日志》中他激烈抨击奴隶制度的那段话，让人感受最深。这也是引起他与赖尔争吵的唯一事件。

宗教方面，达尔文由年轻时的一个正统基督徒转变为一个不可知论者和怀疑论者，并一直到老。

对宗教的怀疑在我心中慢慢滋长，到最终还是完全不信了。这个过程是如此缓慢，以至我并未感到任何痛苦和沮丧，且从那时以来我片刻都未怀疑过我的结论的正确性。的确，我几乎也看不出任何人会希望基督教的教义是真的。因为如果真是这样，那根据《圣经》所说，那些不相信基督教的人，其中包括我的父亲、兄弟以及我几乎所有的挚友，将会受到永久性的惩罚。这是一条可怕的教义。（A 50）

达尔文只是在他为家族所写的自传里表达过他的这种不妥协的宗教观点。若非如此，就很难想象 1882 年时赫胥黎会放弃与虚伪势力的斗争，协助将达尔文的灵柩运往威斯敏斯特教堂安葬。

第二章

达尔文主义的基础

达尔文的生物进化论融合了三个基本概念：物种、适应和进化本身。本章主要介绍这些概念，以说明在达尔文开始其研究之初它们的结合程度，以及在"比格尔号"航行之前、航行期间和归来后不久这些概念是如何汇聚于达尔文的头脑之中的。附带也介绍一下 19 世纪初基督教，尤其是英国国教会对这三个概念的看法。

即便是极不经意的观察者也能看出生物界的某些分类现象。达尔文年轻时，盛行的物种概念里包含三方面的分类思想。第一个也是最明显的方面是：不可再分类型的概念，即种内关联而与别的物种是不连续的。这是通常所说的"种类"，如"猫"这一种类包括所有的个体猫，其他动物被排除在外。第二个方面是分类层级观念，所有的物种可以根据相像程度按层级进行排列。相似的物种归入一个属，相似的属归入一个科，如此类推，经过更高的分类阶元直到非常概括、非常宽泛的分类范畴，如"植物"和"动物"等。第三个方面最难理解，即天生性状的层级概念或其他某种负载了价值的观念。从初级的、静止的、无感知的植物到敏锐的、活跃的、有感知的动物，物种以数不尽的形式存在着。处在这个等级最底层的有机体，几乎很难与无机界区分开，而人类这个物种似乎占据了最顶端。物种概念的所有三方面内容，类型观念以及每种类型在分类层级和价值评估层级中的地位，自亚里士多德以来在西方思想中一直清晰可见。几种理念都在当时人们普遍接受的关于生物的观点中留下了各自鲜明的印迹，这种观点主宰着达尔文之前 19 世纪的正统宗教和生物学思想。

把物种作为基本分类单位的理由有很多。一般性观察支持这一点，平时的经验也为之提供了更重要的证据：一个物种的个体只能与自己的同类成功交配并繁衍后代。如此普通的经验事实也赢得了柏拉图唯心主义哲学思想的认可。个体猫并非是作为个体本身而是作为一个种类的代表呈现在人们的脑海里：正是那些在个体猫身上未能全部表现出来的猫的本质属性，才是理性思维所要思考的内容。

最终，《创世记》的教义把普通经验与柏拉图的哲学思想结合在了一起："造物主用泥土造就了所有地上的走兽和空中的飞禽，然后把它们带到亚当面前让他来命名，亚当给每种生物取什么名字，从此以后它就叫什么。"

值得注意的是，最基本的具体物种概念与物种世代恒久不变的概念长期紧密地纠结在一起。《创世记》中的创世故事形成了生物起源的一个说法。动物和植物被分类而造，然后通过繁殖力得以延续，至今保持不变。依照这种说法，生物的形成过程中有两个法则发挥了作用：神奇的创造力作用于物种层面上，其次是繁殖力作用于种内的个体成员。《物种起源》中达尔文的核心成就是向这一物种起源二元论成功地发起挑战，取而代之以一个简单确知的、可观察到的形成法则：繁殖。

17世纪末的约翰·雷（John Ray）和18世纪的林奈（Linnaeus），依据经验对生物进行分类，创立了统一的分类概念。这一分类对达尔文之前的生物学和宗教思想产生了极其深远的影响。事实上不管发现了多少物种，把所有物种放到一起并不显得混乱，这一事实本身就有待解释。如果物种是一个个被创造出来的，那么这个庞大组织体系的意义何在？在神创论主宰的概念世界里，生物的层级分类在《圣经》里并没有得到明确的说明。因此，生物界的分类体系便大致与后文艺复兴时期的自然观融合在一起，就像一台复杂的机器，它的运转很有规律，要受到法则的制约，这些法则确立了个体间的恰当关系。当时在生物界盛行的这种秩序体现了造物主这位神圣立法者的杰作，正如运动和重力定律主宰着物体之间的关系一样。19 世纪早期，人们做了各种努力，企图从经验分类中归纳总结出生物界的正式体系，找到类似物理定律那样严格而又客观的生物分类法则。

由于生物的多样性，此种"分类体系"注定不会成功，它虽然是按等级分类，但缺乏任何规则或对称性。某些生物群体中的个体千差万别，而另一些群体情形则正相反。类群之间的差异有大有小。最糟糕的是，随着 18 世纪动植物标本收集量的增加及更进一步的系统研究分析，原本用来区分不同物种的差异变得不再成立。林奈开始写《自然系统》（1735）时，完全确信"种"作为分类单元的绝对性，但在他去世时，却对人们通常认可的"种"之划分的有效性不再有把握。解剖结构方面的差异，使得一个物种和一个与其没有实质性差异的变种间的区分变得更加困难。明显属于不同物种的成员之间有时可以杂交并繁殖有生育能力的后代。为了避免以"种"为基本单位的"分类体系"的不统一，林奈最终只好采用了"种"的上一级分类单位"属"来解决所面临的一致性问题。在 18 世纪，认为生物是分类而造的创造论基石的瓦解是进化生物学发展中多次出现的主题。

可以看出系统生物学有两条主线：对野生物种的细致分析；同时又试图把随意的秩序强加于经验分类，它们在进化生物学发展过程中具有截然相反的作用。不过，对造物主神圣创世计划的探寻引发了系统分类中荒唐至极的想法，同时也激发了人们研究自然界以揭示上帝创世意图的热情。科学定律被看作是在整个宇宙间尤其是在地球上实现这一意图的媒介与手段。自然现象本身不再那么神奇：物体之间的关系可以用科学定律来解释。这些都是"次级"法则，如果解读得当，其作用结果将会显示造物主的仁慈，他创立这些法则正是为了保证世人生活得舒适。整个自然体系的各个部分在科学法则的保障之下相互适应，这意味着背后有一只设计之手。

　　18 世纪初，英国圣公会已经基本上放弃了神启论，转而赞同自然界能顺应人类的需求，把这看作是上帝存在及其属性的重要证据。由于"自然"神学的发展，自然界中生物适应性的各个方面都可用来作为论据，不论是否明显为人所用。这种神学思想在当时很盛行：1836 年当达尔文从"比格尔号"航行归来时，当时很有名气的剑桥哲学家威廉·休厄尔（William Whewell）仍然认为"整个地球，从一极到另一极，从周边到中心，总是把雪莲放在最适合其生长的地方"。

　　这种荒唐的思想早在 60 年前就受到休谟（Hume）怀疑论的挑战。他在《关于自然宗教的对话》一书中指出：我们不能因为现在的适应状况良好就去否认以前可能存在过不够理想的状态。事实上，地质学的发展似乎恰能提供证据来证明过去存在过这种状态。在这些压力面前，英国圣公会的自然神学派便退避到看似牢不可破的生物学堡垒中。他们认为只有有目的设计才能形成如此复杂的机制，才能设计出像人手或鹰眼这样适应需要、功能完美的器官来。生物界的设计观点是由卡莱尔的执事长威廉·培利（William Paley）提出的，他在《自然神学，或自然现象中神之存在与属性的证据》（1802）一书中作了雄辩而有力的论证。1827 年达尔文进入剑桥想成为一名圣公会牧师的时候，培利代表着当时国教会的观点，他的著作达尔文以前"几乎能原样背诵下来"。

毫无疑问，达尔文在剑桥大学时对自然神学的深入了解对他很有帮助。植物和动物对生活环境的适应是任何生物演化理论都必须解释的现象。在自然神学家看来，对环境的适应比物种的差异显得更为重要：不同的动物和植物可以被看作是体现了不同的适应方式。如果某种生物的适应性变化可以不用靠神迹来解释，那就可以自由地去解释所有适应现象以及物种的多样性。

自然神学首先是一种乐观主义的理念，相信造物主本性仁慈。因此，它不可避免地要费尽心思以大量雄辩的言辞去解释与其理论矛盾和不符的现象，即自然界中无处不在的邪恶、痛苦和苦难等，它们在上帝最重要的杰作——人类身上体现得尤其明显。为使上帝免受管理不善的指责，对此的辩护则基于如下一种假设：它认为痛苦和苦难暗示了造物主的一种更高深的意图。如果该观点是正确的，则意味着生活中的黑暗面是必要的，试图通过社会进步减轻人类所遭受的苦难的做法，显然与上帝的神圣旨意相悖，注定会失败。为与自然神学思想保持一致，这种观点最终在自然界中找到了合理的现实证据。一位英国国教的神职人员托马斯·马尔萨斯（Thomas Malthus）指出：生物的数量往往以几何级数增加，会耗尽环境资源，因此，它们之间存在着不可避免的生存斗争。在他 1798 年发表的《人口论》中，马尔萨斯认为这个理论同样适用于人和其他所有生物，这是一种不可避免的自然法则。因此，人类必定要遭受由于人口过多而带来的屈辱和苦难。如果要寻求安慰，那也只能是在现实困境所激发的对美好生活的渴望里寻求，而不要指望这些渴望全都会得以实现。

马尔萨斯的《人口论》是一个复杂时期的复杂产物，但却深深植根于自然神学思想，其中的完美创世概念显而易见。不过 1838 年达尔文阅读该著作时，完全来自其原著的经验性概括却为达尔文提供了生存斗争的理念，而它也成为达尔文进化论的基石之一。

构成达尔文生物进化论的三个核心理念中，进化理念本身当然是最深奥也最复杂的。然而对达尔文而言，这个理念的历史，或者在他之前其所呈现的各种隐约不同的思辨形式，并不重要。当达尔文在"比格尔号"上阅读《地质学原理》时，所接受的是经过地质学家查尔斯·赖尔严谨评判并去粗取精后的理念。因为正是在地质学领域里，进化理念才脱离了 2,000 多年的思辨哲学范畴，首次进入科学领域。

进化哲学的核心思想是整个世界处于不断变化中。一旦假定物质世界的变化是有规律的，是受规则支配的，且反映已知时间段里事物变化关系的定律同样适用于那些未被直接经历过的时期，进化哲学的这一核心思想就成为了科学研究的对象。通过找出目前变化的原因，从理论上就有可能解释世界是如何变成现在的样子的。这就是一致性原则，它在 18 世纪作为信条式的原理被逐渐引入了地质学。它是所有科学进化理论的基础，无论是关于地表演化、生物演化还是宇宙演化的。

地质学把地球表层看作是一个运动和变化着的构造，是运动变化着的宇宙的一部分，这最终将会不可避免地与神学对科学发展的限制发生直接冲突。历史地质学强调缓慢的、持续的变化过程，为地球过去的演化描绘出了一个新的几乎无限长的时间跨度表，它根本不承认创世学说中

图 3 地质学家查尔斯·赖尔（1797—1875），他的《地质学原理》是
达尔文在"比格尔号"上的读物。提到他时，达尔文写道："我总
感觉我的著作一半是受了赖尔的启发。"

那些神奇的瞬间创世故事。厄舍尔（Ussher）大主教撰写的编年史，根据17世纪初期《圣经》文本的记载，计算出从创世到基督的诞生只有4,004年的历史。而从可观察到的地质变化过程，如隆升、侵蚀和沉积来看，显然需要有数百万年的地球发展史才能解释巍峨山脉或峡谷深壑的形成过程。而且，科学演化地质学所呈现的世界画面并不需要一个即刻现身干预的神灵。一旦物质材料具备了，其中宇宙和地球的演化就能自然而然进行。

因为地质学家扩展了地球史的时间跨度，这也迫使人们对创造论的概念进行重新审视。嵌于岩石中的绝灭生物的化石突然间变得不可思议地古老，即使在比喻意义上也很难与诺亚洪水时代联系起来。由此进化生物学与进化地质学不可避免地联系到了一起，18世纪地质进化的支持者也毫无例外地支持生物进化。到19世纪初，生物起源于更原始祖先的进化观点已普遍流行，尤其是在法国。同时一个可喜的巧合是，正是达尔文的祖父伊拉斯谟·达尔文，一位对众多领域都满怀热情的进步人士，在他的通俗巨著《动物生理学》（1794—1796）里将生物进化概念介绍给了英国读者。

　　然而，需要注意的是，19世纪初时进化地质学与进化生物学的进化概念有着显著区别。这时的进化地质学显然已经脱离了思辨哲学的范畴，凭着对自然界和特殊地质变化过程的明确认识，已经进入科学范畴。相比之下，进化生物学基本上仍是一种理论推测，对解释一些目的论现象有一定价值，对进步人士而言比正统宗教所宣扬的灾变论更容易让人接受，但却没有任何进化演变过程或机理方面的知识作为证据来支持它。就是在这种情况下，生物分级评估思想开始流行，对自然界按等级进行了分类，从最低级的微生物到最顶端的人类。整个18世纪，对自然界的等级划分都沿时间维度排列，与其间出现的进步和发展密切相关联。由于分级评估原则本身不够明确，而且最原始的类型与进化的最高级产物持续共存，加之对一个物种到另一个物种的演化机制完全不知，因此，等级分类体系这一形而上学的概念与自然界之间的关系总是混乱不堪。

　　随着进化地质学的方法论基础变得更加稳固，其践行者逐渐摆脱了进化生物学的羁绊，因后者的科学地位还是让人深感怀疑。尽管进化地质学与《圣经》直接冲突，但在与神学宗教旷日持久的斗争中，进化地质学还是凭着其无可辩驳的论据优势最终获得了胜利。进化生物学的情况则差得很远，专业的地质学家连同神职人员一起质疑它的理论基础。

透过赖尔对法国博物学家和地质学家让·巴普蒂斯特·德·拉马克（Jean Baptiste De Lamarck）进化论的态度可以把本章复杂的线索加以梳理。拉马克的进化理论1809 年发表于其《动物学哲学》一书中，它显然是沿袭了推理进化生物学传统。它对达尔文理论发展的意义在于，它引出了赖尔《地质学原理》第二卷中对生物进化问题极有见地的长篇探讨。此外，拉马克的进化理论融汇了本章涉及的所有基本概念。

作为一个博物学家，拉马克强调区分物种与变种是极其困难的，早在达尔文之前许多年他就否认物种的客观真实性。他同时也指出生物对环境有着细致入微、精妙绝伦的适应性，并注意到环境变化能影响动植物的构造和习性，使它们朝着有利于自身生存的方向发展。作为一个地质学家，他强调地球在漫长的地质年代中经历了地质和气候上的巨大变化。最后，作为一个推理进化论者，他提出了一个结构变化遗传机理，但没有任何证据。拉马克提出：动物由于意识到新的需求而在其驱动下不断进化，而这反过来促使习性改变以更加适应这些需求，习性变化引起动物身体构造发生变化，进而使其习性更加高效。最终，动物一生期间应对各种内在需求形成的身体结构上的变化会被后代继承。因此，野鸭和水獭脚上都长有蹼，是缘于其祖先对在水中生存的热衷。同理，受不同需求驱使，人类得以从其类人猿祖先进化而来。

赖尔承认进化生物学和地质学的有力论证，但却无法接受拉马克的生物进化机理，认为那只不过是空想臆测。因而这位当时最伟大的进化地质学家对所有进化生物学思想都不予认真考虑，直到他最终被达尔文所发现的令人信服的进化机理所折服。

而它就是达尔文的概念性遗传。物种的起源是当时没有解决的大问题，我们的一位最伟大哲学家称之为"秘中秘"（O1）。这位哲学家就是约翰·赫歇尔（John Herschel），他是一位物理学家，达尔文上大学时就很推崇他在科学方法方面的著作。达尔文学习神学时，培利的著作里就详细阐述了生物适应问题，接触之后达尔文认识到这个问题在《物种起源》里尤其需要加以解释。任何进化理论"都不会令人满意，除非它能说明存在于这个世界上的数不清的物种是如何发生改变，以获得令我们惊叹的完美构造和相互适应的"（O 3）。达尔文首次接触有关进化的研究是从他在"比格尔号"上阅读赖尔的《地质学原理》开始的。那时，他开始挖掘化石，这些化石使他首次确信生物进化确实发生过。赖尔主张科学进化论必须提供一个进化机理，这迫使达尔文把这一问题而非其他进化方面的问题看作是关键的环节。从"比格尔号"回来后不到两年时间内，他就率先补出了马尔萨斯理论中的缺环，"秘中秘"就这样迎刃而解了。

经过仔细的研究和冷静的判断之后，我可以毫不怀疑地说：大多数博物学家以及我以前所持的观点——即每个物种都是被独立创造出来的——是错误的。我完全确信物种是可变的；但那些属于我们所说的同一属的物种则是某种通常已经灭绝物种的世袭后代，这与我们所认可的任何物种的不同变种都是该物种的后代是一样的道理。（O6）

达尔文深知他的进化论与许多前辈的理论之最大差

异就在于，它解决了进化机理中至关重要的附属问题。这一解决方案，达尔文称之为自然选择，事实上是一个很基本的论点，其前提非常简单且为人们所普遍接受。《物种起源》一问世，就遭到批评家的猛烈抨击，这无疑是人们对其推理逻辑的一种反应：由可接受的前提经过简单论证却无可避免地推导出了一个让人难以接受的结论。

第三章

自然选择与物种起源

生物进化的机理是自然选择。与地质变化过程不同，自然选择不易直接观察到，但可以从对观察到的其他现象的论证中推断出来。论证是建立在三个看似各自独立的有关生物特性的一般性结论之上。这三个结论继而又成为一个形式推理的前提条件或公理性前提，而这个形式推理得出的结论则是对生物特性的进一步归纳。如果这三个公理性结论逻辑上是正确的，且没有忽视其他相关的有效结论，那么其推论一定也是正确的，而且应该能观察得到。

第一个结论：任何物种的个体成员之间在许多特征上都存在某种程度的差异，无论是结构特征还是行为习性方面。即使是那些最顽固坚持物种不变观点的人也接受这一确凿事实。"没有人会认为同一物种的所有个体都是从一个模子里刻出来的。"（O 45）

第二个结论：个体变异在某种程度上具有遗传性，也就是说，可以从一代传到另一代。"或许应该这样认识这一问题，性状遗传是正常规律，而不遗传则是异常现象。"（O 13）

最后一个结论即马尔萨斯原理：生物繁殖的速度会使其数量超出环境所能承载的容量，结果必然导致许多生物灭亡。

一切生物，在其自然生命周期中要产生若干卵或种子，在其生命的某一时期必定会遭遇毁灭的威胁，……否则，按几何级数增长的原理，它们将会因数量的迅速增加而变得无处存身。因此，既然繁殖出的个体数量多于可能存活下来的个体数量，生存斗争将不可避免：不是同一物种内的个体之间就是不同种类的个体间相争，或者是与其所生存的自然环境条件之间相争。（O 63）

自然选择定律是遗传性变异、繁殖和生存斗争推导出的结果。

如果……生物在其整个构造的几个部分上存在差异……如果自然界中，由于每个物种按几何级数迅速增加，存在严酷的生存斗争；那么，……如果不曾发生对各生物体有用的变异的话，我想那将会是不可思议的……但如果的确发生了对生物有用的变异，那么具备这种特性的个体肯定在生存斗争中最有可能存活下来；从遗传的观点来看，他们也会繁殖具有类似特征的后代。为了简洁起见，我把这种存留原则称为自然选择。（O 126—127）

自然选择何以成为生物演化的一个内在机制？下面三点可以帮我们解开这个谜。首先，自然选择是一个过程：每一代生物体都会受到环境的选择性影响，其中有些成员会绝灭或者不能繁殖。构造不同的个体面临的环境选择压力也不均等，因而能成功繁殖的个体并非是偶然择定的。如果每一代生物体所处的环境条件都稍有不同，如在冰期缓慢的气候变化过程中，最能适应这种气候变化的个体，其繁殖能力往往会超过那些抵抗力较差的同类。正如流水的侵蚀作用会改变山谷的地貌一样，选择的持续作用也会改变生物种群的构造。

其次，自然选择和适应性变化很明显是同一问题的正反两面。一个生物体若能成功越过一代与一代间的障碍顺利繁衍后代，就可以说它适应其生存环境。虽然对生物学家来说，对"适应"仅能给出的总体定义是指繁殖能力，但在给定环境条件下，人们通常能具体确定那些对繁殖有利的特征是什么。以我们假想的冰期为例，皮毛厚这一特征在极其寒冷的条件下显然有利于生物成功繁衍或者说有利于适应当时的条件。但按照自然选择的观点，适应这个概念完全是以生物所面临的环境压力为条件的。皮毛厚在冰期最寒冷时显然是一种适应，然而，随着冰期退去，它又明显成为一种不利的条件。自然神学家的"适应"概念是一种静止的状态，而达尔文的自然选择说中适应对每一代则意味着不同的内容。

第三，自然选择显然是被理解为作用于生物种群的一个过程。个体繁殖不论成功或失败，它们都只是选择过程中的沧海一粟。谈论个体进化毫无意义，进化是指由个体组成的种群从一代发展到下一代时其总体平均结构的变化。

在《物种起源》后来的版本中，达尔文引入赫伯特·斯宾塞（Herbert Spencer）的用词"适者生存"来概括其自然选择的理念。这个术语经常受到指摘，因为适应性只能由生存来定义，它其实是同义反复，对自然选择理论而言等于什么也没说。由于人们对此普遍存在误解，把这个问题搞清楚一点还是值得的。避免同义反复的最简单办法是：提醒自己记着前面的第一个公理性结论：同一物种的个体成员间存在差异。相较于未能生存繁殖的个体，那些得以生存繁衍的个体事后被称为"适应者"：对构造不同的个体自然选择作用的结果不同。或许不仅仅是因为达尔文采用了斯宾塞的重复性术语，才给人们理解自然选择观点带来了困难。在对自然选择的原始表述中，达尔文使用了"对生物有用的变异"这一说法（上面引文中引用过），似乎暗示"有用性"是生物变异固有的特性，发生这种有用变异的个体能充分利用环境。问题是：一种变异是什么时候证明"有用"或"有害"的呢？什么时候表明生物个体是"适应"或"不适应"呢？正确的答案必须是经过选择之后，因为选择的结果是判定是否"有用"或"适应"的唯一标准。如果说达尔文没有完全解释清楚这一点，或许是因为他认识到关于自然选择的整个论证似乎牵涉到一个矛盾：个体的消亡乃是适应性或建设性变化的一个必要条件。然而，如果他把那些被选择出的变异标注为"有用"，则矛盾似乎就得以解决了。其实并不存在矛盾，无论生物会不会发生变异，由于存在生存斗争，每一代都必定会发生个体消亡现象。在每一代中，繁殖能力必然仅存于那些从上一代繁衍下来的幸存者，所以在进化中重要的是不要被自然选择所淘汰。

达尔文反复强调生物体与环境各方面之间复杂的相互关系。在最早的一则笔记中，他用一个生动的比喻强调了生物体之间激烈的相互竞争是占主导地位的选择性影响力。

在观察自然时，应时时记住……我们周围的每种生物都在竭尽全力地争取个体数量的增加；每种生物在生命的一定时期都必须靠斗争才能存活；每一代中或每隔一定时期，生物种群里的幼小或衰老个体不可避免地会遭遇大量灭亡。减轻任何一种抑制因素，或是稍微降低一下死亡率，不管幅度多么小，这一物种个体的数量就会立即大增。自然界的面孔好比是一个易变形的表面，上有一万个锋利的楔子簇拥在一

起，在持续不断的撞击力作用下不停向里推进，有时一个楔子被击中，然后是另一个，而且力度更大。（O 66—67）

这段话讲述了自然选择的一个重要结果。自然选择作用于个体的繁殖活动：一个"有用"的变异能使某一个体为下一代繁衍出比其他个体更多的子孙。因此，自然选择意味着生物是"自私的"。这一论断对达尔文而言意义重大，因为它把神创论和自然选择进化论区分了开来。

自然选择不可能纯粹为了使其他某个物种获益而让一个物种发生改变……如果能证明任何一个物种的任何一部分结构是专门为造福另一物种而生的话，那我的理论就会被彻底推翻，因为自然选择是不会产生这种结果的……我倒更愿意相信猫捕老鼠准备跃起时尾部的蜷曲，是为了警告厄运将至的老鼠。……自然选择永远不会产生对生物本身有害的性状，因为自然选择的发生只可能是为了各物种本身的利益。（O 200—201）

我们会在以后的章节里简要讨论这个论断的一些重要

限制条件。

如果生物间的相互竞争具有比气候或地理变化更重要的选择性影响，那么，一种生物或一群相互影响的物种的进化方向就变得几乎无法确定。每一物种的变异将会在整个互动系统中产生深远而广泛的影响。为了确保进化，似乎不必考虑任何环境差异带来的影响，除非它是由其他生物引起的。

在世界的某些地方，昆虫决定着牛的生存。或许巴拉圭的例子是最稀奇的了；因为，该地区的牛……数量从未失控过，虽然它们在野生状态下成群地南北游荡着；……这是由于在巴拉圭有一种蝇，数量极多，它们专把卵产在这些动物刚出生幼崽的肚脐中（并会致它们死亡）。这种蝇虽多，但其数量的增加似乎受到某种习惯性力量的抑制，可能是鸟类吧。因此，在巴拉圭如果某种食虫鸟（它们的数量或许受鹰或食肉野兽的调控）增多了，这些蝇就会减少，那么，牛……就会增多，变得随处可见，这肯定会极大地改变地表植被（在南美的部分地区我确曾见过此类现象）。而这种变化又会极大地影响昆虫；尔后，受影响的将是食虫鸟类……在越来越复杂的循环链中如此不断地延续着。这个循环我们以食虫鸟开始，又以它结束。其实自然状态下动植物间的关系远比这复杂。一场又一场的生存之战此起彼伏，各有胜负；虽然某一微不足道的小事件就经常足以使一种生物战胜另一种生物，但从长期看，各方的力量会达到较稳定的平衡，以至于自然界在很长时间内会保持同一种面貌。（O 72—73）

　　认可这个例子本身很重要，它是一个假设性场景：在动态平衡系统中，食虫鸟数量增加这一小小变化引起各种生物的比例发生波动，因为它们彼此之间有微妙的关联。至于此处所提及的影响方式是否确切无误，理论上对这一论点而言则无关紧要。脐蝇数量的增加可能主要受制于肚脐的数量，其次才受到食虫鸟的制约。食虫鸟的数量可能主要受制于另一种昆虫的数量或者是疾病，而不是它们的捕食者。关键的问题是各种生物之间是相互影响的，一种生物的小小变化会对所有与之相关联的其他生物产生影响；以此类推，永无终结地持续下去。

　　自然选择是适应性变化的推动力量，作用于各代之间。随着生物的代代繁衍，现生物种与其祖先的差别越来越大。尽管有繁衍的连续性纽带相维系，但还是很容易看到现生生物与其祖先的差别变得如此之大，乃至分类学家会将它们认定为不同的物种。这就是"物种是如何而来的？"这一问题答案的一个重要组成部分。然而，正如达尔文所认识到的，它还不是一个足够充分的答案，除非所有现存物种代表了各自独立的谱系中存活下来的成员，而这些谱系自地球有生命以来就一直保持分立状态。因此，这个答案并不能排除一个额外的创造法则在过去某个时期的干预，在它的作用下每个独立进化谱系中的原始个体被创造了出来；似乎的确需要这样一种创造干预的存在。

达尔文对于单独的造物行为没有必要存在的论证说明是《物种起源》中最复杂的一部分，对最终涤除创造法则起到了至为关键的作用。达尔文希望证明：作为遗传和派生的结果，不同的现生物种之间存在关联。两个物种的成员之间，就像某一物种内的两个成员一样，由于共有一个祖先实际上是表亲关系，不论关系有多远。达尔文有段时间拼命寻找证据，想证明物种不仅倾向于彼此取代，有时还会产生分支，其结果是一个过去的物种到了现在可能就不止有一个后代物种。在《物种起源》里，达尔文引入"自然体系中的位置"概念来阐述这个问题，我们现在把这个概念称为"生态位"。任何物种都有一个地理上的"活动范围"或延伸区域（如从北到南），这样其中一些成员就生活在一种条件下，而其他成员则生活在另一种类似但有差别的环境中。生物间存在着复杂的相互关系，例如食虫鸟数量的增加可能会通过一系列中间环节改变牛的分布状况，它对一个物种部分成员数量增长的抑制作用与对其他成员的抑制作用肯定有所不同。因此，一个物种会因其分布的区域条件不同而趋向于进行不同的适应。因适应略有不同的生态位而产生差异的单一物种的不同组群被称为"变种"。鉴于一个变种的适应变化会影响与之有关的其他生物体，无论途径多么复杂，这个变种的适应性变化过程会得到强化，其生态位会进一步发生改变。正如达尔文所认为的那样，在扩展到新生态位的适应过程中，一个物种的变种与亲体及其他变种的区别变得越来越明显，直到最终获得自成一种的特性。性状的分化趋异程度似乎是无限的，它通过物种的不同群体对不同生态位的相继适应而实现。

"自然体系"代表着无限多的生态空间，变种通过变异渐渐从其祖先种里分化出去，努力"搜入"各个空间。达尔文明确指出他还发现这一过程往往会不断持续下去，趋向于将所有空间都填满。由于时间、变异和生殖力诸因素的作用，自然体系的容量必定会趋向最大化；由于一种生物基本上能为另一种生物创造一个生态位，异种共生就成了一个不难推导出的结果。植物的存在为食草动物创造了生态位；食草动物又给捕食它们的食肉动物创造了生态位。这是一个简单的例子，却足以说明一个原则，即"同一区域内所生存的生物越多，则它们在结构、习性和体质上的差异就越大"。最大限度的物种差异性才能保证空间的利用率最大化，因而物种的分化似乎也是物种数量增多的必要条件。然而，鉴于一个类种的适应性进化会影响到另一物种的生存环境，不只是个体成员，整个物种都会由于竞争而面临灭绝。物种的数量可能增加，但它们往往是以其他物种的减少为代价。绝灭也许可以通过适应性变化而避免，但也有可能避免不了。没有法则可以保证任何生物或生物群体无限地存续下去。

达尔文用图表达了他的观点，毫无疑问，图中不同分

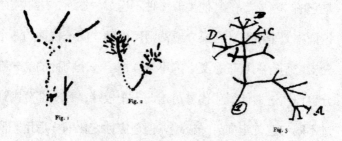

图 4 达尔文首次（1837/1838 年）尝试图解分化这一概念。上面的图 1 和图 2 中树枝末端代表现代物种，经过了中间许多代的绝灭类型，该物种已不再与其祖先直接相连。"生命之树或许应该被称为生命的'珊瑚'，枝的基部死了，所以无法看到转变的过程。"在图 3 中，达尔文又对绝灭现象作出推测，在他看来，它要能够"使物种的数量保持恒定不变"。A、B、C 和 D 各属均有现存物种，其他分支已经消亡，使得现存属之间产生不同程度的性状分化。

支的种内性状适应分化是从整个进化理论所依据的基本前提可以得出的一个合理结果。此外，只要适应性分化可以出现，哪怕是在很小程度上，逻辑上它就可以无限延续下去。然而这个观点有一个根本的漏洞，对此达尔文自己当然清楚，但始终没有完全解决。也就是，它只是解释了种内分化，而对于一个物种如何能够演化成多个物种的关键问题仍然没有解决。核心难题就在于如何给物种下定义。我们已经知道物种的字面定义确实包含着"与别的物种不连续"的含义。例如，猫看起来确实与根据分化原理当属是它的"远亲"的其他类似物种不连续。然而，达尔文的论证中似乎没有什么媒介或法则可以确立同一物种的两个分支之间存在真正意义上的不连续性。一个物种的这一部分也许通过遗传，代代繁衍走向一个极端，另一部分则通过不同的遗传走向另一极端。但适应性变化同样适用于两个极端之间的中间个体。如果个体分布是连续的，通过一连串、可以多至无穷的中间变异体，一个物种的那些极端类型必定能够融合在一起。事实上有一个强大的作用力在对抗着分化趋势，那就是性繁殖的影响力。性繁殖过程把两个个体的遗传特征结合起来，产生的后代特征一般介于父母双亲之间。因此，性繁殖所具有的"正常化"效力一定会降低一个新生态位被一个与其大种群处于性繁殖延续中的潜在分支占据的速率。正如字面定义所显示的那样，一个物种在其自身范围内确是连续的，且本质上是保守的，尽管达尔文正确揭示出的分化趋势的确存在。

一个物种真正分化为两个物种的必要附加前提是：两个潜在的分支间存在生殖隔离。到目前为止，要去推理论证适应性分化本身能够在原先存在的繁殖延续状态中形成生殖隔离已证明是极其困难的。生殖隔离似乎不是一个物

第三章
自然选择与物种起源 |51

种的变种自身所能够实现的。目前人们广泛持有这样一种
看法：两个变种要想成为两个物种，必须有一个物理障碍
介入其间。达尔文绝没有忽视隔离在成种过程中的重要
性，但他似乎在论证中逐渐忘记了它至关重要的作用。在
他最初关于物种变化的笔记中，达尔文反复提到隔离作为
一个重要因素在成种过程中的作用，在这些早期笔记里，
他也意识到隔离的缺失所带来的问题："那些长期存在的
物种是那些有着众多变种的物种，通过交叉繁殖而保持相
似。但是一些物种的长期不变性是个难题。"

在《物种起源》里，达尔文再次指出物种的适应性分
化趋势与性繁殖连续性会产生相互对立的影响。

但如果一个物种占据很大的地区，它所在的几个区域几
乎肯定会提供不同的生存环境；然后自然选择会在这几个区
域内改变和完善这个物种，在每个区域的边界地带，就会出
现与同一物种内的其他个体杂交的情况。在这种情况下，自
然选择几乎不能对冲杂交的影响，自然选择往往会根据各区
域的生存条件以完全相同的方式，改良每个区域内所有的个
体。而在一个连续的地区，通常生活环境从一个区域逐渐过

渡到另一个区域时，变化并不很明显。（O 102—103）

但即使在《物种起源》的最后一个版本（1876）中，达尔文仍然坚持他的看法：尽管隔离可能确实会促进物种形成，但没有它成种过程也可以发生。这种主张就很让人感到奇怪，因为事实上不仅达尔文最初把隔离当作具体分化所需的一个几乎不可缺少的条件，而且德国博物学家莫里茨·瓦格纳（Moritz Wagner, 1813—1887）依据进化论的原理也提出了相同的观点。

这个情况相当奇怪。没有隔离，达尔文的进化论作为物种形成的一个机理确实存在不足。而且，他了解隔离这一现象，曾观察到它的存在，注意到它所带来的有利结果，也注意到它的缺失造成的一些不利情形。最后还有，当达尔文计划对《物种起源》进行最大幅度的一次修订时，一位明显倾向于赞同进化论观点的著名博物学家向他明确提出了这一问题。或许是隔离的不确定性让达尔文头疼。变异、遗传和繁殖显然是生物固有的属性：它们几乎可以被作为现成的公式用来推导进化问题。而隔离只发生于物种的部分群体之中：也许是因为偶然来到了一个岛上，或因为一座大山屏障的介入，或因为其他一些杂乱、毫无逻辑的过程所致。由于这种杂乱、不合逻辑的过程确实发生过，达尔文对于隔离概念并无异议，而且它确实有助于他很好地解释地理分布上的一些实际现象。但他从未完全接受这个观点，即新种的形成也不是生物单靠自然选择就能产生的固有属性。

我们在本章谈了达尔文进化论的核心内容。生物体在各方面往往存在差异，无论其多么细微；变异，无论多小，往往会遗传下去；出生的生物数量会多于能够生存繁衍下去的数量。从这几个得到普遍认可的前提，我们能够推导出一个物种的适应性变化是没有确定方向、也没有程度上的限制的。今天的生物都是过去存在生物的变异后代。此外，如果种群分布空间一定，且存在繁殖隔离的机会，我们还能推导出：这些称作物种的相似但不连续的生物族群分别是数量比其要少的先前存在物种变异进化后的后代。既然适应性变化不存在必要的限制，那么两种生物的差异大小也就没有限度，它可以由不断累积的变异性状的遗传来解释。因此，似乎不存在什么先验的论点能排除所有生物拥有共同祖先的可能；这里的生物指的是具有变异、遗传和繁殖特性者。

据此类推，我们可以进一步推想：所有的动物和植物都
起源于某一原始类型。但是类比也有可能将我们引入歧途。
但不管怎样，所有生物都有许多共性……因此，似乎可以由
类比推导出这样一个结论：或许这个地球上曾生存过的所有
生物都是由某一最先具有了生命特征的原始生物体衍生而来
的。（O 484）

第四章

自然选择进化论的证据

正如达尔文所言，《物种起源》是一个很长的论证，不过它远超出上一章所讲述的理论的核心内容。如果核心论点正确，那么一些结果就应该可以在现实世界中观察到。如果这些可能出现的结果确能被观察到，反过来它们又可作为证据来支持论点。《物种起源》用很大的篇幅枚举了大量事实证据，作为在基本理论框架下可能产生的结果，其中的绝大部分证据都得到了达尔文同时代人的广泛认可。进化论所涉及的范围甚广，达尔文引用的大多数"事实"实际上是归纳出来的一般性结论。与他的后期著作相比，《物种起源》一书论证非常严谨。我不同意赫胥黎的观点，他认为该书是"把大量事实杂糅在一起形成的，而不是通过明晰的逻辑关系组织起来的"。

自然选择被看作是进化的机理。达尔文的第一个任务是要证明在家养动植物中，一个类似于自然选择的过程产生了与自然进化相类似的结果。这个过程就是动植物饲养者对变异个体的选择，不管变异多么微小，却投合了他们的喜好。"人工选择"能培育出符合饲养者心意的可育变种。换句话说，选择与适应有关。

我们在家养动植物品种中观察到的最显著特征之一就是适应，这种适应并非是为了它们自身的利益，而是契合了人类的需求或喜好……我们不能想象，所有家养动植物品种是突然一下子就变得像我们今天所看到的那样完美和实用。的确，在许多情况下，其形成历史不是这样的。这其中的关键在于人类选择的累积作用：大自然使物种发生持续的变异，而人类则按适合自己需要的方向不断积累这些变异。（O 29—30）

此外，对某一个物种的家养变种的选择过程（达尔文最喜欢以鸽子为例）所能产生的变化幅度，远远超出了人们通常所理解的物种定义的范围：一群看起来基本相似的生物。

一共大概可以选出不少于20个品种的家鸽，若拿去让鸟类学家鉴定，并告诉他这些都是野鸟，那他一定会将它们划为界限分明的不同物种。而且，我想在这种情况下，任何鸟类学家甚至都不会把英国信鸽、短面翻飞鸽、西班牙鸽、巴巴鸽、球胸鸽和扇尾鸽置于相同的属中；尤其是让他鉴定的这每一个品种都还有一些纯系遗传亚种或他可能会称之为不同物种的变种……但愿那些不承认我们的许多家养品种都源于同一亲种……的博物学家，当他们嘲笑自然状态下的物种是其他物种的直系后代这一观点时，能学得谨慎一些。（O 22，29）

饲养者的有意识干预似乎减弱了该例证的说服力，因此达尔文指出，即使没有想要改良品种的明确意图，有选择的培育也会使其性状发生改变。此外，随着家养品种的变化或一些异常变种的出现，选择的标准可能也会改变。

要不是一只鸽子的尾巴出现了某种轻微的异常状态，没有人会去试图将它培育成扇尾鸽……不过，我十分肯定，"试图将它培育成扇尾鸽"这一表述在大多数情况下是根本

不正确的。最初选中一只尾羽稍大一些的鸽子的人，绝对想象不到那只鸽子的后代会变成什么样子……（O 39）

这段话说明了另外的一个观点，达尔文后来用它驳斥了针对自己进化理论的一种常见反对意见，即构造完美、适应性强的结构只有当它们完全形成时才会发挥出作用。那么，它们是如何通过假想的中间环节被选择出来的呢？在人工选择的复杂过程中存在一种答案，即从事后看选择似乎是有目标导向的，而事实上在中间过渡点上选择的标准可能是不同的。

与家养有关的现象实际上构成了自然选择原理的一个完整的"实验性"证据。如果在《物种起源》出版前"品种改良"从未被尝试过，那么人类通过有意识地选择遗传性变异来塑造生物特性的能力，就会被看作是证明自然选择原理正确的绝好证据。而事实上，人工选择的作用已被吸纳到了一个不同的观点中，该观点视物种不变为当然之事，认为人工选择可作用于变种阶段，但按照物种不变律，选择作用不会超出这一范围。经人工选择后的变种或种类仍然属于亲种的成员。

　　由此看来，人工选择"实验"在一个关键的方面还不够完善。虽然远超出一个物种通常概念范围的外形进化显然是可以实现的，但是，"实验"还没有证明人工选择能够产生种间功能差异，人们长期以来一直将这种差异，即种间不育性视作一个附加的关键标准。达尔文在《物种起源》中用了整整一章的篇幅来讨论杂交和不育问题。他想用大量事例说明，实验性种间杂交的结果是不可预测的。

　　那么，这些复杂而奇妙的规律是要表明：赋予物种不育性仅仅是为了防止它们在自然界中变得混乱不分吗？我不这么认为。因为我们可以假定避免物种混淆对各物种都是同等重要的，那么为什么各种不同物种之间杂交，所产生的不育程度会有如此大的差别呢？为什么同一物种的个体间，不育程度还会是可变的呢？为什么一些很容易杂交的物种，其杂交后代却极难再育；而另一些物种极难杂交成功，但杂交后却能产生完全可育的杂种呢？为什么同样两个物种之间互交（例如雄性 A 与雌性 B 互交或者相反）的结果常常会有如此大的不同呢？甚至还可以问，为什么还允许杂种产生呢？既然赋予物种以生殖杂种的特殊能力，却为何又要通过不同程度的不育，制止它们进一步繁殖，而且这种不育程度又与杂种亲本初始杂交的难易程度并无多大的关系，这似乎是一种奇怪的安排。（O 260）

　　这样一来，神创论所认定的物种被创造出来后就保持不变的观点在大量可观察到的反证面前变得难以为继，而达尔文对所观察到的那些现象也未能完全透彻理解。他认为：两种生物体互交不育的程度本质上说是偶然的，是物种长期以来适应不同环境过程中产生的总体生理或习性分化的一个偶然结果。达尔文正确地认识到成功繁殖能力是一个很脆弱的特性，容易受到生殖系统生理变化的影响。随着物种不断趋异分化，进化变化在影响生物体其他器官的同时也会间接影响生殖系统的整个机制，使之发生微妙改变。很明显，一个物种的雄性和雌性生殖系统在选择作用下会保持完全适配，但选择作用却没有明确的理由要去维持两个不同物种的雄性和雌性生殖系统的适配性。由于它们彼此独立地进化，它们的生殖系统会越来越不相容。那么为什么一个物种的家养变种，无论外表变异多大，在一起却总能繁殖呢？达尔文在这个问题上遇到了困难，在

《物种起源》出版后，他的朋友以及他的批评者们不断地向他提出这个问题。他的回答是：家养繁殖中的人工选择仅适用于"外在"特征，育种者不能通过培育产生"生殖系统的深层功能性差异"，而这种差异被认为是造成野生物种种间不育的原因。人工选择是快速的、表面的，而自然选择却是缓慢的、深层次的。

这个论点部分正确，但没击中要害。达尔文在讨论杂种不育时出现的问题是：他没能看到杂种不育本身也可以是通过自然选择演化的一个特征，因为"一个个体若与别的变种交配质量不高而很少留下后代，这对它来讲并不会有任何直接的好处"。因此，他只好把杂种不育看作是由于其他变化造成的偶然生理结果。这个问题的解决仍要从生殖隔离现象中找寻答案。正如在第三章中所讨论的，同一物种两个变种的适应性分化会受到性繁殖"平均化"效应的限制。如果地理障碍阻挡了两个变种间的交配，那么适应性分化就会进展得更深更快。然而，如果地理障碍只是暂时的，两个快速分化的变种再次被放在一起，持续杂交的能力实际上可能会成为一种劣势，因为一般来说，杂交后代不能很好地适应其亲体的生态位。这种情况下，选择作用有利于那些与各自变种内成员交配的个体。结果，被达尔文称为"自然厌恶"的"对动物杂交行为的厌恶"，像任何其他适应性特征一样无疑会得以演化。类似的生理隔离在植物变种的生殖系统中也会得到演化。

奇怪的是达尔文没有将这一论点进一步深化发展，但这与他没把生殖隔离作为变种形成物种的必要条件如出一辙。达尔文推翻了上帝赋予种间不育的说法，但这也因此成了一把双刃剑。他可以利用这个证据，即物种能够经常地杂交，即使其不很稳定，来驳斥传统意义上定义物种时的"功能"标准。但由于没有看到生殖隔离在成种过程中的重要性，他对不同物种一般不杂交的事实的解释缺乏说服力，还得出了不必要的结论：不能或排斥与远亲成功交配的特性肯定是普遍适用的自然选择作用过程中出现的一个例外。

家养和杂交的事实使达尔文放弃了定义物种时的形态或功能标准。然后他就选择采纳了最极端的相反观点，基本上与50年前拉马克的观点相一致：

可以看出，为了论述方便，我很随意地用物种这个术语来指一类彼此非常相似的个体；而用变种来指那些更容易变化而差异又不那么显著的类型。其实，物种和变种并没有根本的区别。同样，也是为了方便，变种这个术语，与"小的个体差异"比起来，使用上也比较随意。（O 52）

进化中的一群个体之所以看起来与其他生物明显不同而成为一个物种仅仅是由于它们被放在了一个极短的时间框架里来观察这一偶然原因。而它真正的大背景应是它过去的历史和今后的命运，它们是生物体前后延续的整体结构的一部分。在达尔文看来，如此给物种重新定义会在科学界引起极大的争议，当时的科学界大多认为物种是本质上永恒不变的存在体。今天我们可以清楚地看到其缺陷，它完全忽视了野生物种间真正的繁殖不连续性，这正是隔离和分化演变的基础根源。

通过对自然界的实验性干预，驯养和杂交生育的成功为进化论提供了证据，反驳了物种不变论。不过正是有了达尔文对可直接观察到的野生自然界的那些事实的解释才最终使进化论得胜。在地质学、地理学、分类学和胚胎学四个主要研究领域里，已有的资料和发现已引起神创论拥护者的关注，他们对自己的观点进行了针对性的辩护。达尔文就把自己的观点与神创论观点二者的解释力进行了比较，辩证地论证了自然选择进化学说。

在地质学方面，进化论能够解释给予神创论观点沉重打击的两个公认的事实。第一，正常情况下进化一定是缓慢的。经历了世世代代的漫长时间而高度进化的复杂生物体的存在能够证明该结论是正确的，因为选择发生作用的最短时间间隔是一个世代。不能想象一头大象在30—60年的一代时间里就能迅速进化。世代的遗传变异显然说明世界一定是古老的，正如地质学所明确宣称的那样，它确实是难以置信地古老。第二，世代的遗传变异同样明确要求化石从整体上说应该不同于现生的生物，而化石记录的确证实了这一点。

达尔文没有用过多的篇幅阐述这些基本观点，人们长期以来早已了解了它们作为进化生物学证据的价值。他主要关注的是如何驳斥针对这些证据的明白阐释而提出的那些反对意见。古老而奇特的地质化石证据与神创论的圣经故事之间的主要妥协是基于如下事实：含化石的沉积岩上下按层序排列，地层之间有明显的间断。每个地层中的化石大致上体现该地层的特征，特别是在较古老的岩层中，化石的间断情形的确非常明显。大的生物类群（如菊石或恐龙）几乎是整个地突然出现或消失。最明显的是：在最古老的地层中，已经能够发现非常高等的生物，如鱼类。对神创论者而言，这些间断说明了自然秩序遭受了类似诺亚洪水事件的灾难性破坏。原先创造出的整个秩序被一扫而光，代之以新体系。生命的中间过渡类型在哪里呢？

均变论地质学没有涉及灾变问题，而达尔文对神创论也不予考虑。他的方法是抨击地球的地质史是完整的这一说法，并推测含化石岩层的间断只是地质记录里的一个空白。地球表面只有极小一部分受到过地质勘查，而且几乎没有一个地方被完整彻底地勘探过，因为每年都有全新的化石被发现。此外，化石的保存还要取决于许多有利环境条件的共同作用。含化石的沉积层只能在缓慢的陆地下沉期间堆积而成。其他时候，这些沉积物会由于侵蚀作用再次被剥蚀掉。从全球的角度看，沉降是一个局部事件。因此沉积层不可能是完整记录，除非知晓了它的全部历史，但在地质和气候变化的共同作用下，这一点根本就无法做到。既然生物显示出了对其环境持续不断的适应，那么，表明在漫长岁月里发生过环境变化的地质间断，也应该有化石记录的间断与之相呼应。

灾变论需要有灾难的同时发生作为依据。灾变发生时全球生物都被一扫而光，一个新的生物世界被创造出来替代旧有的世界。巨大间断现象的存在使灾变观点变得很有影响力。众所周知，某个地质时期之初会有大量的新生物种突然出现，而在另一个地质时期之末，先前存在的许多生物又会突然灭绝。达尔文从三方面对创造论所倚重的这最后一条地质学论据进行了批驳。首先，他重申地质间断意味着时间过渡和环境变化。其次，尽管所显示的生物间断常常会很巨大，但它们通常都不是完整记录。随着地质学研究的深入，这种间断的鲜明断层会趋向缓和，不再那么明显。最后，他用了一个纯粹"达尔文式"的理由来解释为什么大的植物或动物类群似乎会突然地出现：

某种生物要适应一种特别新奇的生活方式，例如要适应空中飞翔的生活，可能需要经历一系列漫长的时期。可是这种适应一旦成功，并且有少数的物种由于获得了这种适应性就比别的物种有了较大的生存优势，那么许多新的变异类型

在相对较短的时间内就会被繁殖出来，并迅速地传播，遍及全世界。（O 303）

如此一来，达尔文就可以轻松地解读化石记录，好像它是一本进化书，不仅可以找到进化的清晰证据，而且许多证据很容易用自然选择进化论来解释。首先，演化的速度明显是有差异的：有些生物，如海洋生物，从已知最早的化石记录到现在，基本保持未变；而另一些生物，特别是陆生生物，变化很快。然而，不管大小，变化是永恒的规律。为什么进化的速度要有所不同？类似飞翔这类新能力的进化完成后随之而来的快速变化问题，上文已作了解释。但达尔文现在对整个问题作了更综合的阐释。

我相信发展并无固定的规律……进化的过程一定极其缓慢，每个物种的变异都是独立的。至于这样的变异是否会被自然选择所利用，以及这些变异有多少能被积累保留下来……却要取决于许多复杂的偶然因素——变异是否对生物有利、杂交繁育的能力、繁殖的速度以及当地自然地理条件的缓慢变化，更要取决于群落中和这个变异物种相竞争的其他生物的特性。所以，某些物种保持原态的时间能比其他物种长得多，或者即使有变化，改变的程度也较其他物种小，这是毫不奇怪的。（O 314）

绝灭现象是化石记录最明显的特征之一，达尔文不仅把它看作是进化作用而且也是自然选择作用的最有力证据。

自然选择学说是基于下列认识基础上的：每个新的变种，即最终每个新的物种，之所以能繁殖和延续下来，是因为它比其竞争者拥有某些优势；而居于劣势的物种随后的绝灭，似乎是必然发生的结果……因此，新生物种的出现和旧物种的消失……是密切相关的……然而，那些被改良物种所取代的物种，不管是属于同纲还是异纲，总还有少数一些可以存续很长一段时间，或因为它们适应了某种特殊的生活方式，或因为它们生活在遥远且孤立的地区而避开了激烈的生存斗争……我们不必为物种的绝灭感到惊异，如果真要惊异的话，还是对我们凭一时的臆想就自以为弄明白了物种生存所依赖的各种复杂、偶然因素而感到惊异吧！（O 320—322）

绝灭生物要么可能代表"连接化石"，是现生种群已灭绝的祖先；要么可能是没有留下后代的绝灭种类。总的来说，正是这些"连接"化石引起了达尔文的极大关注，因为进化理论明确暗示了它们的存在而神创论没有提出任何补充论点对它加以解释。即使在19世纪中期，当时的已知化石也能立即显示存在着中间连接类型。地质研究的一个指导原则就是：两个地层在沉积序列中靠得越近，它们所含的化石就越相似。无论所研究的化石年代是相对较新还是很古老，无论是两个化石层还是某个化石层与现代生物相比较，这一原则都同样适用，总的要点是生物之间的相似程度这一分类指导原则可以在时间跨度里"纵向"扩展应用，就像它可以被"横向"地应用于现存物种的比较一样。绝灭物种和现存物种

都同属于一个宏大的自然体系，生物的遗传之道立刻就可以解释这一事实。根据一般规律，愈是古老的物种，它与现存物种之间的差异也就愈大。但是，正像巴克兰（Buckland）在很久以前所讲的那样，所有的化石不是能归到现存类群里，就是可归到现存类群之间的类群里去。绝

灭的生物类型，可以帮助填充现存的属、科、目之间的巨大
空当，这是毋庸置疑的。假如我们只关注现存的或灭绝的物
种，所得出的生物系列的完善程度就远不如将两者结合在一
个系统里时高。（O 329）

随着 19 世纪化石记录越来越多，处于不同时期的相
同物种之间或现今仍都存在但构造有所不同的物种之间或
大或小的区别趋向"消匿"。但化石记录的不完整性极大
地降低了可能发现某种与它所分化出的两种生物明确相连
的特定生物的几率。

最引人关注的化石缺环之一在 1859 年时仍没有被找
到。1861 年，德国一古老岩层中发现了始祖鸟化石，正
如人们所期待的那样，它立即被确认是绝灭恐龙和现代鸟
类之间真正的过渡类型。在《物种起源》后来的版本里，
达尔文不失时机地引用了始祖鸟的材料，不过其基本观点
已经非常明确，不会因一种新化石的发现而受到影响。

连续地层中的生物间会呈现密切相似性的一个特殊
例子是：在某个特定地区发现的近代化石与那里的现存
物种非常相像。这种特殊案例在达尔文的进化论中具有

特殊地位。

当我以博物学者的身份登上"比格尔号"皇家舰艇游历世界时，在南美洲观察到的有关生物地理分布以及那里的现代生物和古生物之间地质关系的一些事实，使我深受震动。（01）

树獭和犰狳是非常奇特的、具有典型南美特色的哺乳动物。达尔文在比较新的沉积岩中发现了显然也属于这些类群的巨大灭绝动物的骨骼化石。为什么神奇的创造力量曾在南美造就了树獭和犰狳，而后又在同一地区而没在别的地方创造出与其密切相关的类型呢？为什么这样一种造物力量在澳大利亚也有类似的作为：那儿的洞穴里发现的绝灭哺乳动物骨骼化石与澳大利亚现存的奇特哺乳动物同样有着密切的联系？这样的相关性可以用遗传进化理论来解释。较近的祖先往往比远古的祖先距离后代的地理位置更近，因为一个物种占据的地理位置取决于当时的主要环境条件。随着不同地质时代里环境的变化，物种的分布范围将发生相应改变。

达尔文从赖尔的地质学里了解到了漫长时间里的地质运动概念，于是他推导出一个相应的空间运动概念。共同祖先的时代越近，其分支类型在空间分布上相距越近。由此，进化论作出了这样的预测：不管环境条件如何，属于某一特别类群的物种，地理位置越靠近的，相似性就越大。而神创论则认为，不管地理位置如何，环境越相似，生物应该彼此越相像。

这有可能成为进化论的一个潜在证据来源，对此达尔文首先将注意力集中于大陆板块上观察到的现象与预料结果总体相吻合这一点上。

在谈到地球表面生物的分布时，第一个使我们惊奇的重要事实就是，各地生物的相似与否无法从气候和其他自然地理条件方面得到圆满的解释……凡是欧洲有的气候和自然地理条件，相应地在美洲几乎都能找到……然而这种环境上的相似性并没有得到呼应……两地生物的相互差异是多么地巨大！（O 346—347）

其次，相似性似乎不是单纯以水平距离来划界的，而是也取决于是否有进化和分化中的生物类群难以逾越的障碍存在。换句话说，地理上的隔离越巨大，生物体的平均差异就越大。显然，大陆板块的分隔就是一个恰当的例子，广阔的水域形成了地理上的隔离。但从较小的范围来讲，甚至在一个大陆上，较小的障碍似乎也与相应的差异性有关系。

在巍峨连绵的山脉、大漠甚至是大河两边，我们可找到不同的生物……再看看海洋的情况，也可以发现同样的规律。中南美洲东西两岸的海洋生物差异非常巨大，甚至很少见到相同的鱼类、贝类或蟹类。而这些大的动物群只不过是被狭窄却不可逾越的巴拿马地峡所阻隔。（O 347—348）

最后一点，每个大的地理单元不仅有其特色物种，而且，每个地理单元内的同系物种之间，较其与别的地理单元中的同类成员之间，关系更近。新旧大陆上都有猴子，但新大陆的猴子之间比其与任何旧大陆的猴子更相像。

从以上这些事实中，我们可以看出：有某种深层生物联系存在于时空中，存在于同一地区的陆地和海洋中，而与地理条件无关……这种联系，用我的理论来解释，就是遗传。正如我们所确切知道的，单是遗传这一个因素，就足以形成十分相似的生物，或者是彼此十分相像的变种。（O 350）

然而，如果相对的相似性意味着它们有共同的祖先，那么巨大地理障碍的两边出现类似的生物，则意味着一些生物个体在某些时候肯定是能够越过这些障碍的。

达尔文认为大陆板块长久以来一直是以它们目前的形态存在着。而在 20 世纪我们已逐渐认识到：在远古的地质时代，各大陆是连接在一起的，后来由于"大陆漂移"才分离形成现在的样子。事实上，大陆漂移学说确实解释了某些古老生物群的地理分布状况。但达尔文当时更关注距现在较近的那些演化时期。这样一来，他必须要证明还存在着其他可能的传播方式，使得生物能够在隔离的地区之间通行。

他通过实验确定陆上植物的种子经过长期的盐水浸泡后仍能存活，由此他可以推测一粒能生长发育的种子可以随洋流漂出多远。他援引了许多例证：沿河漂流的树桩上沾的土、鸟爪上沾的泥、鸟的嗉囊里携带的种子、冰山挟带泥土和其他陆上物质的远距离漂移等等。他还说明了陆上动物如何能够在盐水的浸泡里存活下来，比如蜗牛会在壳口处形成一层硬质的保护隔膜。淡水动物的扩散成为了一个特殊难题，但达尔文的实验也得出了他所需要的原理。他证明刚孵化出的淡水蜗牛能牢固地附着在鸭爪上存活"12 到 20 小时；这样长的一段时间里，一只野鸭或苍鹭至少可以飞行六七百英里并降落在一个池塘或小河里，若是遇到顺风飞越海洋，则会到达一个海岛或是其他某个遥远的地方"（O 385）。

没有什么地方比海岛更能验证物种的传播、隔离以及选择。加拉帕戈斯群岛上的生物如此奇特而富有启示性，以至于达尔文在《航海日志》中描述它们时几乎难以掩饰他的进化论观点。在加拉帕戈斯群岛上，"无论从时间还是从空间而论，我们似乎都接近了一个重大的事实——新的生物在这块土地上是首次出现"（J 378）。这一点甚为重要。从地质学角度看，加拉帕戈斯群岛很明显是年代相对较近的火山活动的产物，然而，这些岛屿上却拥有许多这里特有的动植物种类，甚至一些物种是某个海岛所独有的。由于达尔文把不同岛上收集的一种鸟，即现在人们所熟知的"达尔文雀鸟"的所有标本混在了一起，他并未意识到这样的海岛成种现象有多普遍。加拉帕戈斯群岛上栖居着许多独特的物种这个说法并不准确：这些独特物种显然与达尔文在距此以东 600 英里处的最近大陆——南美洲次大陆上看到过的一些知名物种有密切关联。最后一点：各种动植物在岛上的呈现也很奇特。例如：岛上没有哺乳动物，没有树。正常情况下这些缺失种类应该占据的空间却被奇异的动植物变种多多少少地填充了，而后者在大陆上亲缘最近的种群却过着全然不同的生活。类似的奇特现象也出现在其他海岛上，如夏威夷的蕨类植物长成了树；而在毛里求斯和新西兰，不会飞翔的巨鸟在罕有哺乳动物的地上吃草。

岛上生物的奇异特征创造论根本无法给出一个合理的解释，而海岛的这种孤立情形似乎正需要有创造力量来发挥作用。另一方面，进化论则认为海岛上的栖息物种最初肯定来自别的地方。在达尔文看来，海岛上展示的似乎正是天然的进化实验的典型结果。如果最初的生物是从邻近大陆上随意挑选出来的，再经过偶然传播加以选择，得以移居到一片未被其他生物占据的土地上，又经过一定地质时期的演化，那么岛上所有的奇异反常现象就能解释得通了。对达尔文的论证而言，海岛的一大优点在于它们简化了生物与其环境之间的关系。在一片生长着各种生物的陆地上，某一群生物的进化命运基本上是无法预测的，因为生物之间的相互关系错综复杂。而在海岛上，因为栖息者数量少，有充裕的空生态位，竞争压力比陆地上显然要小许多。因此，对一个相对简单而能繁殖的环境来说，生物对其的适应这一共同问题在每个海岛上的表现都会稍有不同。从一定程度上说，海岛生物的进化是可以确定的，它的持续时间已知，进化方向可以预测。

动植物在时空中的分布当然是达尔文用来支持其进化论普遍原则的最有力证据。大量事实证据都能够被纳入到一个令人满意的单一理论框架中去，这是任何创造论观点所无法做到的。在解决物种分类问题时，达尔文的进化论同样具有极强的解释力。为什么所有的生物会"在不同的程度上有些相像，因此可以根据相似程度的大小划分成不同的群，而且群下有群"？（O 411）

自然分类系统的古老概念意味着：如果"真正"的相

图 5 达尔文着迷于海岛研究。由近代火山形成的加拉帕戈斯群岛上的植物
群和动物群为达尔文的进化观点提供了一些启示。那里有许多不同寻
常的物种，但都与当地大陆上的物种相关联；即便在单个岛屿上都有
独特的物种。"无论从时间还是从空间而论，我们似乎都接近了一个重
大事实——新的生物在这片土地上是首次出现。"当达尔文到来时，那
里还有巨型龟。但后来大多数龟就被捕鲸者用棍棒打死了，他们把加
拉帕戈斯群岛当作一个歇脚点。

似点和区别点能被确定出来，那么所有动植物就都可以被归入相应的位置。按照这种观点，分类不是随意的，而是预先规定好的。由于动植物的种类多种多样，呈现出许多相似点或不同点，着重点不同会导致归类方面的矛盾，因此探索自然系统的目的之一便是努力发现那些具有"分类价值"的关键点或单独的区别性特征，由此可建立一个明确的分类树，最终指向各个物种。这种分类通常是成功的，现在仍是很实用的分类基础。达尔文却抨击这一传统理论，他不认为具有很高分类价值的性状能够被确定，就好像这些性状是独立于分类单元而真实存在似的。如果生物因遗传而彼此关联，那么一个具有分类价值的性状也只是一个性状，在选择作用下它的改变并不会那么明显以至于遗传下来的相似性会丢失。

既然分类法通常行之有效，也就出于方便而设了分类阶元：种、属、科、目和纲，这些高低层次本身并不反映现存生物界的任何实质性情况，虽然分类学家们渴望做到这一点。分类层级只能根据已有的知识状况以最简便的方式来设置和界定。

因此，尽管自然界有明显的分类秩序，但所有试图用一个与那些需要界定的生物比起来更严密而客观的体系来定义自然界的努力注定要失败。造物主的自然系统最终变成了一个描述性的过程，其仅有的分析内容是对此中包含的类群的定义。然而，自然类群是显然存在的且按层级排列的。进化论则直接预言类群有层级的排列是由共同祖先依次分化、不断演变的结果，其间伴有绝灭现象。它预言了这种排列，同时附带预言了想进行任何非随意性定义所面临的困难。主要生物类群不断分化出大量的亚类群。早期和中间过渡类型的绝灭使得各类群之间因巨大差异而明显区分开来，此差异程度是现存种类与共同祖先之间的漫长时间间隔以及分化速度发生作用的结果。既然变种分化会不断产生新物种，那么试图给物种本身下一个绝对定义肯定是行不通的。

在探寻有绝对分类价值的性状过程中，也发现了一些很有价值的规律。各器官，即结构组织之间的关系，比与功能相关联的结构在一般情况下能提供更多有用信息：适应了相似生活方式的两种生物必定表现出类似的性状。鸟类、蝙蝠和昆虫都会飞，都有翅膀，但作为一种分类性状，这种"可类比的"相似性显然没有用处。然而，从更深的结构组织层次上看，鸟类、爬行动物和哺乳动物的前肢在解剖特征上相似，因而尽管功能各异，但构成这些前肢的骨头被冠以同样的名称是可能的，也是多多少少可行的。这种结构上的相似关系，即"同源"结构，在胚胎或幼体阶段表现得特别明显，以至于瑞士籍美国解剖学家路易斯·阿加西斯（Louis Agassiz，1807—1873）"之前忘记了在某种脊椎动物胚胎上贴标签……现在无法分清它是哺乳动物、鸟类还是爬行动物的胚胎"。胚胎特征似乎比其成体形态在确定生物分类位置时价值更大，因为成体形态可能会因适应某些偶然出现的异常环境而发生了很大变化。达尔文研究的藤壶在成年期变得如此特化，以至于在其变化没那么大、明显属甲壳类的幼虫被识别出来之前，根本看不出它是甲壳类动物。为什么会是这样？如果生物是被分别独立创造出来的，为什么在早期发育阶段不像其后来那样个体特征鲜明而独特呢？达尔文把同源性和胚胎间的极大相似性看作是由进化进一步推测出的结果，因为可以区分任何两个同系物种的结构差异一定是由一个先前存在的物种经过一系列微小的变化而形成的。生物不断地适应环境，一个复杂且充满竞争的环境只允许现有结构发

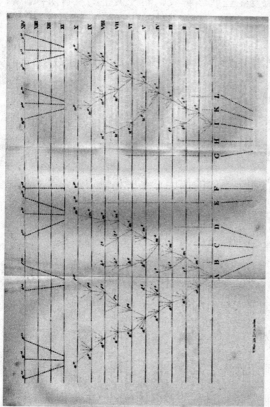

图6 第三章自然选择学说示意图的最终版本，也是《物种起源》中的唯一插图。该图描述了古代世系 A—L 从古（底部）到今（顶端）的演化。在每个阶段（罗马数字所示），一个物种要么保持不变、要么分化成新种，或者走向绝灭。注意：所有现代种类都起源于世系 A 和 I，只有 F 例外，它把基本未变的形态遗传至今，成为"活化石"，其他世系都已绝灭。

生微小的变化。正如达尔文所认识到的，尽管引起适应性结构或习性发生轻微调整的构造变异贯穿个体的整个发育过程，但它表现得并不是十分明显，一直到了相关的阶段才会有所显现。对于像哺乳动物这样的生物而言，它们的早期发育阶段大多不会受到太多环境变化的影响，适应性变化主要累积发生在成体阶段，而在更早的发育阶段虽然会有但很不明显。

然而，如果选择有助于生物在早期发育阶段作出针对外界环境的高度适应性变异，那么这个变异的发生基本上是没有障碍的。正如达尔文所指出的，许多生物的幼虫阶段在功能构造上完全不同于成体阶段，它们在该物种的生命过程中起着完全不同的作用，毛虫和蝴蝶就是很好的例证。除了最普通意义上的发育，让达尔文不解的是，发育是一个复杂的相互作用过程，对变异有着强烈的抵制，就像一个物种对其环境的适应既复杂又相互作用，一般情况下不能承受剧烈变化。因此，一个新的变异要经受选择作用的考验，不仅体现在它对成体结构的影响方面，甚至更体现在其保证胚胎有序发育的能力方面。由于胚胎生命形式的发育过程是依次进行的，变异在胚胎生命中发生得越早，则它对发育的影响就越强。因此胚胎在本质上是保守的，其发育模式在庞大的生物类群内会高度一致。同源现象或相似结构则反映了这种保守性，所以达尔文认为同源相似性说明了共同祖先的存在，这无疑是正确的。

虽然《物种起源》的主要观点很容易表述，但这样的概述并不能展现其整个内容的智慧精华。在达尔文之前生物树状排列的概念已普遍流行，达尔文发展了这一比喻：用谱系概念来说明由历时遗传的纽带联结在一起的生物变异和绝灭之间的关系，这一发展将可以概括《物种起源》的主要结论：

同一纲内所有生物间的亲缘关系，有时可以用一棵大树来表示。我认为这个比喻可基本反映实际情况。绿色的发芽小枝可以代表现存的物种；此前每年长出的那些枝条相当于长期以来相继绝灭的物种。每一生长期内，所有发育的枝条都竭力向各个方向生长延伸，去遮盖周围的枝条并致使它们枯萎，这就像物种和种群在更大规模的生存斗争中竭力去征服其他物种的情形是一样的。当大树还只是一棵小树时，现在的主枝曾是生芽的小枝，后来主枝分出大枝，大枝再分出更小一些的枝，这种由分枝的枝条联系起来的旧芽和新芽的关系，可以很好地代表所有已灭绝的和现存的物种在隶属类群中的分类关系。当大树还十分矮小时，它有许多茂盛的小枝条，其中只有两三枝长成了主枝干，它们得以存活下来并支撑着其他的枝条；物种的情况也是如此，那些久远的地质年代里生存的物种中，到现在仍有活着的变异后代的，确实寥寥无几。从小树开始生长时起，许多主枝、大枝都已经枯朽而且脱落了；这些枯死了的、大小不等的枝条，可以代表现今没有遗留下存活的后代、而仅有化石可以考证的灭绝物种的整个目、科和属。正如我们时常所看到的那样，一根细小而无序的枝条从大树根部蔓生出来，并且由于某种有利条件的存在，至今枝端还活着，这就像我们偶然看到的如鸭嘴兽或肺鱼之类的动物一样，它们通过亲缘关系，以微弱的关联把两支大的生物分支联系起来。显然，它们是由于生活在受庇护的场所，才得以避开激烈的生存斗争存活下来。一些枝芽生长后又会冒出新芽，这些新芽如果健壮，就会抽出枝条遮盖和压倒四周许多较弱的枝条。所以我认为，代代相传的巨大生命之树也是如此，它用枯枝落叶去填充地壳，而用不断新长出的美丽枝条去覆盖大地。（O 129—130）

第五章

性、变异和遗传

达尔文从 1837 年起就非常确信有性繁殖或异体受精在进化论中占有重要地位。关于有性繁殖过程他得出了两个重要结论。第一，有性繁殖不同于其他繁殖模式，诸如原始生物的简单分裂，或许多植物和较低等动物的芽殖，它实际上是个体变异的前提。有性繁殖产生的后代，无论差异多么微小，总与亲代不同，而无性繁殖几乎总是只产生复制品。其次，有性繁殖不同于其他繁殖机理，它是动植物的一个普遍属性。

在达尔文的笔记里可以看出这两个结论是有关进化过程的一个推理论证的组成部分。变异是自然选择进化的必要条件，而有性繁殖是变异的必要条件，因此有性繁殖也是自然选择进化的必要条件。既然只有那些能进化的生物得以存留，因此所有生物必须参与有性繁殖。

这一论证在《物种起源》里并没有深入到这一步，或许部分原因是达尔文未弄明白为什么变异与有性繁殖相关。此外，有性繁殖的另一个看似与此矛盾对立的特性是：它有助于保持物种的统一性和稳定性。有性繁殖使得个体变异在杂交群体中分散开来，确保物种能够保持相对稳定，同时仍以适当的速率进化着，以便适应个体自然发展和地质变化的缓慢过程。达尔文把进化看作是一个过程，它影响构造相似但并不完全相同的一群个体：严格讲，发生进化的不是个体而是种群。没有性的话，"有多少个体，就有多少物种"。

除了认识到有性繁殖在进化中起某种关键作用，达尔文对有性生殖生物学的贡献也是极其卓越的。并不难看出有性繁殖这一问题为何如此重要，因为繁殖过程是联系所有生物的纽带。但对达尔文来讲，有性生殖生物学的另外一方面有重要论辩价值。创造论者可以用目的论来解释动植物成体系有序存在的大多数现象，并且同理亦可解释性器官和性行为。但达尔文提出了一个更基本的问题：有性繁殖的目的是什么？既然还有其他可能的繁殖方式，为什么有性繁殖成为了普遍的繁殖方式？唯一的答案似乎是有性繁殖的目的是为了进化。

达尔文深信由于某种原因，有性繁殖确是进化的一个必要条件，于是他研究了雌雄同体现象，希望能够发现自体受精即使有机会也绝不会排除异体受精。尽管大多数植物和许多低等动物功能上是雌雄同体的，但是当机会来临时，它们几乎都表现出了对异体受精的适应性。在一系列重要著作中，达尔文探索了开花植物的性机理演化问题。达尔文比任何人更有资格得出现在看来是显而易见的结论：花朵是确保植物能通过昆虫实现异体受精的构造。达尔文详细分析了兰花对昆虫授粉所作出的惊人的适应，发现了能证明异体受精对生物普遍具有重要意义的鲜活证据。

最后，如果我们考虑到植物的花粉是多么宝贵，还有我们如何精心地呵护兰花以及与兰花相关的附属器官，……自体受精比起昆虫在花间传递花粉本来会安全和容易得多……可以毫不夸张地说：大自然是要明确告诉我们：她痛恨永久的自体受精。（F 293）

为了解释异体受精的必要性，达尔文开始了长期的系列实验，研究异体和自体受精对植物的影响。他发现自体受精经常会产生一些缺乏活力、颗粒偏小、繁殖能力低下的种子。许多显然可以进行自体受精的植物，却完全是自体不育的。他发现在某些情况下，如常见的樱草花等物种从结构上可区分为不同类群，相互间能够自由地异体受精，然而在一个类群内则几乎甚至是完全不育。事实上，达尔文很难解释这些现象的因果关系。表面上看，由于自体受精会产生明显不利的结果，异体受精得以演化似乎合乎情理，达尔文的确在好几处都提到这个观点，但他显然也意识到自体受精和异体受精可能有一个共同原因，他隐约认识到这个共同的"最终原因"可以解释有性繁殖这一普遍现象。

现代进化研究仍然很难解决性机理进化的问题。达尔文没有解决而是提出了这个基本难题，该问题直到现在仍未得到解决，即怎样协调这两种现象：通过自体受精或通过单性生殖等某种无性过程繁殖后代，对个体当下明显有利，但实际情况却是这一优势几乎总是会让位于有性繁殖过程而不能发挥出来。

自然选择进化论认为：机体结构的各个细节要受到

适应性的检验，适应性唯一的检验标准是看繁殖是否成功。因此，繁殖本身直接成为了目的。认识到这一点，达尔文也意识到了雌雄异体动物物种结构分化的重要性，这些结构的功能似乎仅限于成功交配，而不受其他选择压力的影响。拥有这些结构的动物"雌雄两体一般有相同的生活习性，但在身体构造、颜色或装饰上有所不同……"（O 89）。依据自然选择的观点，在雌雄异体的物种中，唯一必要的雌雄差异是那些与繁殖过程本身的需要直接相关的差异。然而，许多动物的雌雄差别显然远远超出这一最低基本限度。达尔文用"性选择"来解释这种现象："这并不取决于生存斗争的需要，而是取决于同一物种的雄性间为了获得雌性配偶而发生的斗争。这种斗争的结果，不会让战败的一方死掉，而会使其少留或不留后代"（O 88）。因为"在世代遗传中，一些雄性个体就获得了一些微弱优势，拥有了稍优越于其他雄性的攻击武器、防御手段或魅力等，它们将这些优势遗传给它们的雄性后代，性差异也就产生了"（O 89—90）。

性选择影响结构或习性，这个例证是对人工选择这一论据的补充。在人工选择中，人是选择者，而自然选择中,"优势条件"起选择作用。在性选择中,仅雄性或雌性作出选择。这也是达尔文在《物种起源》中反复强调的可以证明下述原理的极端例子:决定生存斗争结果的因素中,生物之间的相互关系比外界的自然条件更重要。既然异性的成员构成了环境中影响进化的最重要资源,那么生殖竞争应该极具影响力。

性选择是一个有特殊意义的现象,因为性征是适应的一种特殊类型,它涉及进化过程本身。既然选择作用只能通过繁殖成功或失败作用于个体和物种,那么性表现的各方面都要接受严格的选择。根据某种明显的外在条件,例如食肉动物应具有牙齿和爪子,并不一定能预测这种选择作用于外观或习性后的结果。因此创造论者只能辩称:鲜明的性征要么是造物主的创新,要么就只是为了取悦人类。达尔文不必费心与其直接争辩,因为性选择理论在《物种起源》论战基本获胜之后已获得了全面的发展。但毫无疑问,达尔文坚持认为把一些性状的存在简单地看作只是为了美观而没有其他原因的观点,忽视了这个美观性状对同一物种的其他生物所造成的明显影响。

性选择的许多现象似乎可以从非人动物对美的欣赏这

个角度得到最好的阐释。如果对美的欣赏能促使动物衍化出性征方面的装饰，那么就可以认为类似的情况也在人类身上发生过。事实上，整个性选择的论证在达尔文的《人类的由来及性选择》（1870）一书中占了巨大篇幅，它也成为了一个更宏大论证所不可缺少的组成部分：即使是人类最独特的特质也可在其他动物身上找到相似之处。

可遗传性变异是进化的必要条件。因为生物彼此间存在差异，所以选择不是随机的，而变异是可遗传的，因此生物种群会在代代延续中发生改变。19世纪中期，还没有科学的变异理论，达尔文不得不去寻找某些可以作为一般规律的结论，倒不一定非要探索出变异的机理或对变异原理进行正式描述。达尔文始终坚持认为变异本身不能作为进化的直接推动力，这或许是他最了不起的成就之一。正是这一主张引发了物理学家约翰·赫谢尔爵士（Sir John Herschel）对《物种起源》的猛烈批评，他将其视为"乱七八糟的法则"：也正是这一主张拒绝承认有任何创造者存在，也否认了进化过程中目的的存在。

达尔文相信变异是由某种原因引起的，而非上帝赋予的，这个信念对其变异观点产生了巨大影响。进行有性繁

殖的生物不可避免地会发生变异。然而，在其成熟的著作
里，达尔文明确地试图放弃变异是繁殖过程中所固有的这
一观点，他似乎觉得这是一个不科学的、几乎是形而上学
的观点。正如本章开始所强调的，他很清楚繁殖和变异存
在关联，但他关于二者关系的看法似乎可以最恰当地表述
为：有性繁殖过程使变异的原因变得显明，但它本身并不
是变异的原因。

　　达尔文的立场与他对待生物界每种现象时所持的坚定
的唯物主义世界观完全一致。如果变异是没有原因的，那
它们就超出了科学研究的范畴；达尔文从来不认为他的哪
个公理性结论是不能考证的，即使在某种情况下，允许无
原因的变异存在可能会省去好多麻烦。在对遗传和变异的
生理基础一无所知的情况下，达尔文在对变异进行总结归
纳时援引了"外在生存环境"的积极作用作为一种动因。
至于他到底是如何看待这种因果关系的，有很多的讨论，
但很明显他认为生物环境的异质性，不论差异多么细微，
也是变异产生的一个必要原因：

　　　每一种变异都是由变化了的生存环境直接或间接引起

的。或者，从另一种角度来说，如果有可能把一个物种代代延续下来的所有个体都放在绝对一致的生存条件下的话，就不会有变异发生。（V ii. 255）

这是达尔文大胆作出的为数不多的重要推断之一，现在证明肯定是错误的。可变性是生物的固有特性，尽管它不是无原因的。然而，围绕达尔文"变化了的环境"这一观点的关键问题是：变化的性质或方向与相应的变异结果之间的关系是否可以预测。如果外在环境的变化有利于适应性变异，也就是说能让生物更好地适应新的生存环境，那么，我们就可以说环境和个体发展之间的相互作用是建设性的，它代替自然选择成为引起适应性变化的主要原因。这种"建设性"变异理论曾是伊拉斯谟·达尔文和拉马克"哲学"进化论的中心思想。另一种情况是，环境变化只是引发变异，而变异方向却不可预测。在这种情况下，对偶然的适应性变异的自然选择是引起适应性变化的原因。毫无疑问，在达尔文看来，当时的证据倾向于表明"环境条件"对变异的影响是不可预测的，并且自然选择在决定进化方向时起着至关重要的作用。不过，达尔文当然也承认环境对变异有可能产生建设性影响，在《物种起源》后来的版本中，他还增添了一部分新的内容，论述习性和器官的使用与废弃所产生的遗传影响。

在后来的著作中，对于变异的本质；达尔文的观点与以前有了出入，这是因为他急于为遗传和变异的关系提供一个合理的解释，遗传是指生物的性状从一代传到下一代，而变异是指在遗传过程中出现的"差错"，而这差错正如一再强调的那样，他认为是由环境变化引起的。为了得出环境作用对生物发展的作用与性状遗传之间的一个因果关系，达尔文提出了"临时性的泛生假说"。该假说认为决定向后代遗传哪些特征的生物生殖系统的性质是由它从身体组织中提取特有元素（达尔文称之为胚芽）的能力决定的，每个胚芽都以一种浓缩的或隐蔽的形式代表着原组织与众不同的特性。发育是亲体干细胞所遗传给子代的胚芽有序聚集和展现的过程。如果环境能影响发育，比方说，由于频繁的使用而使某器官变大，那么由那个器官传送到生殖系统的胚芽数量或许还有质量会发生相应的变化。因此环境引起的结构变化会趋向于被遗传下去。达尔文甚至还准备把这个推论扩展到行为方面，因为他认为行为是动物身体结构的外在表现形式，因而与身体结构一样遵循相同的规律。因此，后天习得的行为能够得以遗传，且似乎成为了后代的本能行为。

泛生假说存在许多缺陷。它所援引的支持其论点的大多数"事实"，特别是那些用来说明器官使用与废弃的遗传效应的现象，是基于错误的观察；那个时代对受精作用的基本过程普遍都不了解，甚至不知道组织是由细胞构成，因而使得泛生论的概念基础存在明显缺陷。生殖细胞是生物个体胚芽的"浓缩体"，通过受精过程传给新的个体，新个体的性状融合了双亲的特点。这个新个体体内含有"杂交"胚芽，正是它们控制着杂交个体中间性状的形成。然而，达尔文清楚地意识到，遗传的结果并不一定总是双亲性状的混合，而经常是一方的特性占据优势。有时，来自共同祖先、经过许多代分隔后的两个个体杂交后，明显的"祖先"特征会意外地显现出来。"返祖"现象是达尔文所收集到的、用以支持下面论点的部分证据：即使是那些经过了奇特改良而有了极大差异的家鸽品种也都源自野生岩鸽。尽管达尔文为了解释这些现象随即改进了这个假说，但泛生论基本上是一个"混合"遗传理论，照此理论，个体的新奇变异在与正常个体杂交后趋向消失。这样一来它就与达尔文的成熟观点严格保持了一致，即认为有性繁殖过程本质上是保守的，有助于维持物种性状，而不是促进多样性的持续存在或传播。

泛生论不能完成达尔文早期思想对变异和遗传理论提出的任务要求，体现在它的两个最基本特质上。第一，根据泛生论，变异只能是由于个体对环境刺激作出的适应性反应而引起。其次，它无法解释杂交品种的性状不融合或返祖现象。因此，即使依据达尔文自己的标准，这也是一个相当糟糕的假说，连他最坚定的支持者赫胥黎也对此极其不满。

如果达尔文没发表泛生论，他的名声肯定会更好一些。由于似乎排除了变异的偶然性，泛生论削弱了选择在适应过程中的建设性作用，从而为许多后达尔文主义者提供了机会，他们企图将进化视作一个有方向的或已确定好的变化过程，这又让"伟大设计者"趁机而入。然而，每当达尔文综合考虑到自然选择学说时，无论他多么偏爱他的这个理论（他曾把它称为"我的爱子"），他仍赞成变异的偶然性。在泛生假说刚形成时，达尔文用一个比喻完全否定了环境和变异之间积极的相互作用。

　　尽管每一次变异都一定有其令人激动的恰当原因，尽管每一次变异都受到法则的约束，然而我们很少能追寻到其间准确的因果关系。于是我们谈到变异时就好像它是自发产生的。我们甚至可以称它们是偶然发生的。但这仅限于在特定意义上，就如同我们说一块从高处掉下来的碎石最后会是什么形状完全是由偶然因素决定的一样。（Vⅱ.420）

　　泛生论的重要和独到之处是它集中阐述了代与代之间物质联系的本质。它坚持认为一定存在这样一种联系，其属性将会使遗传和变异之间悬而未决的问题之答案变得清晰起来，只有从这种物质角度出发才能解决进化的机制问题。

　　如今，进化的基本机制问题已大致得到解决，正如达尔文所猜想的那样，问题的解决来自于对代与代之间物质联系的研究。基因物质 DNA 的属性决定了现在可以把自然选择进化过程看作是按一定方式排列形成的物质的一种必要属性。著名的 DNA 双螺旋结构在 1953 年由沃森

（Watson）和克里克（Crick）破译提出，它既可以携带遗传信息，又可以自我复制并高度精确地复制所携带的信息，但不一定完全准确。这样一来，在一种纯粹的化学物质里就包含了达尔文进化机制所需的三个条件：由精确自我复制而产生遗传、因自我复制而数量倍增以及由于极少数的不准确复制而产生变异。

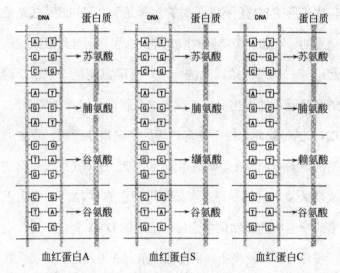

图 7 一种不为人熟悉的 DNA 双螺旋结构图。该图是克里斯琴·安芬森（Christian Anfinsen）1959 年发表的，显示了编码血球蛋白的 DNA 双链的一个小片段。其中一对核苷的突变使得氨基酸谷氨酸被缬氨酸或赖氨酸取代。这种变化改变了蛋白质功能而导致疾病发生。核苷三联体密码与氨基酸之间的联系准确但随意，就像达尔文竭力在其碎石比喻里描述的变异特性那样。

在此我们并不需要关注基因在生物体中是如何得以准确复制并且发挥作用的。然而，有意思的是，联系到达尔文对变异本质的见解，DNA 复制错误竟恰好准确地呼应了前面引用的碎石比喻。DNA 携带遗传信息，是指精子和卵子携带的 DNA 的精确化学结构决定了生物的生长发育方向。然而，与达尔文的胚芽概念不同，DNA 并不代表浓缩后的发育特征。DNA 仅携带发育的化学密码指令，但密码形式与它所代表的发育"含义"之间的联系却是很随意的，正如一个单词的形式与其意思是随性地联系在一起一样。如果把单词里的一个字母随意变换一下，单词的意思就可能发生变化，或者这个新词可能都没有意义。DNA 也是如此。控制发育过程的密码指令形式，正如书写的单词一样，在复制时可能会出错。选择是通过生物的成功繁殖来进行，并不直接作用于它的 DNA。如果由于密码指令中的偶然化学变化而形成的 DNA 变体形式改变了发育过程，使得变异生物在生殖方面更具优势，那么新的 DNA 指令就会逐渐在种群中传播，替代其处于劣势的前辈。这可以称作是进化的基因学观点，依据这个观点，生物，即发育过程产生的结果，多多少少都被看作是成功地进行了 DNA 复制。

因为 DNA 以化学密码形式携带遗传信息，如果我们想确定某一变异的原因，考查解码后的信息，如已经长成的生物结构，是无用的。因为 DNA 指令和发育过程间是纯粹形式化或随机性的关联，环境影响可能会改变发育结果，但却无法以任何可预测的、与环境适应相关的方式改变 DNA 密码指令。现在还没有什么已知的或能想象出来的化学途径，能让生物与环境的相互作用对生长发育产生的结果通过这个途径引起 DNA 密码指令发生建设性的，即适应性的变化。

达尔文不能找到变异起源准确的因果关系，这一点不足为奇。通过解码系统把基因信息与发育过程分开，这使得变异确实像是"自发"或"偶然"出现的，而与任何明显的诱因不相干。由于 DNA 的化学不稳定性而造成的遗传性变异，必定是发生在对其能否完全适应生殖活动的验证之前。生物生存的环境在进化中只起纯粹的选择作用。如果它看似具有建设性，那仅仅是因为它在所有变异体中选择了适应性好的变体而已。

认识到了 DNA 分子在生物进化中的责任意义，那么所有生物有一个共同起源似乎就是肯定的而并非只是可能的。不仅所有生物，从最原始的细菌到最高等的人类，都是用同样物质维持生命的延续，而且它们还用同样的基因密码将遗传信息转化成一个适应性的发育过程。既然基因密码是随意的，且就目前所知，绝对不受化学特性的限制，那么其普遍性的唯一合理解释就是它只进化了一次。

很明显，如果通过自然选择的进化最终取决于化学物质 DNA 的属性，那生命起源就不会引发什么特殊的概念问题。达尔文本人也愿意承认生命可通过能为人们所理解的化学过程逐渐从非生命形式中生成并显现。

如果（哦！一个大大的"如果"）我们能设想在一个有着各种氨、磷盐、光、热和电等物质的温暖的小池塘里，由化学过程形成的蛋白质化合物正准备经历更为复杂的变化……（L iii. 18）

第六章

人类

有时人们会说，达尔文在《物种起源》一书中回避了人类进化问题。但《物种起源》的核心论证很明显是源自马尔萨斯的《人口论》，它阐述了人口呈几何级数增长的规律。而人类与动物之间的连续性是显而易见的，对该问题涉及太多于论辩并无益。《物种起源》中大多数谈到人的地方主要与遗传、变异或同源结构问题有关。达尔文也用人类行为为例来说明动物普遍行为的一些方面，然而关于进化理论对人类更高级智能的起源有什么更重要的暗示，他则很少评论。"心理学将在一个新的基础上稳固发展起来：即智力和心理能力的发展都是分阶段逐渐获得的。人类起源及其历史将会变得明朗化。"（O 488）

1863 年，赫胥黎的《人类在自然界中的地位》一书出版，人与高级猿类之间有密切亲缘关系这个基本观点得到有效论证。同年，赖尔的《人类的远古性》无可争辩地说明了人类起源问题应从地质时期而非历史时间中考量。达尔文在《人类的由来》（1871）中对一系列将人类纳入总的进化体系的观点进行了概括总结。人类在无数细小性状上都受可遗传变异的影响，其繁殖能力常常超出环境对其后代的容纳力，因此，人类必定受到自然选择的制约。像其他许多变种甚多的物种一样，人类在不同的地理分隔区域内也形成了不同的变异类型或种族。（当时一种很普遍的观点认为有着明显差异的种族是不同的物种："白人自贬人格，让黑人沦为自己的奴隶，他们难道不是常希望把黑人当作另类动物来对待吗？"达尔文谴责这是一种无知的自私自利思想。）在身体构造方面，人与其他动物有着同样的结构基础；智力上，"人与较低等的动物尽管在程度上有巨大差异，但本质上并没有不同。而程度上的差异无论有多大，都不能说明我们应该将人类单独放入一个不同的界别中……"（D i. 186）

因此，必须把人类看作是一种动物，只不过在许多方面甚为独特、与众不同，但并非本质上的独特或截然不同，即使在智力方面也是如此，就像蚂蚁、蜜蜂与其他行为不那么复杂也不很引人注意的昆虫相比是一样的。独特性本身就是进化过程不可避免的结果。过渡物种的绝灭使我们注定无法观察到物种间完整的连续性，化石记录对人类起源的证据价值不可能比对其他任何物种的证据价值更多。我们现在所拥有的大批人类化石有可能代表了由一种绝灭猿类向人类演化的进化过程中出现的一些类型，但它们在 1871 年时还不为人所知。达尔文认为人们将很难发现这些化石材料，因为类人猿状态下的人类演化是局部发生的，它的广泛扩散发生在人的典型特征演化完成之后。前面解释过年代较近的化石与其现生近亲在空间位置上相近，达尔文以此观点作为一种预测依据，正确地推测出非洲将会出现猿和人最早祖先的化石，因为人最近的现生近亲——大猩猩和黑猩猩——是非洲物种。最终由于只在最近的化石层中发现了人类遗骸，达尔文便得出结论：人类进化的发生距今年代较近，而且异常迅速，中间过渡类型被比他们更成功的近亲替代而快速消亡了，因而使现代人与他最近的现生近亲之间的明显差别进一步扩大。

虽然在达尔文之前的推理进化论者已对人类身体结构的演化提出了许多独特观点，但达尔文对人类已绝灭类人猿祖先如何演变成人这个过程的推测是他所构想复原的进化趋势中最富有想象力的。正如所有的进化复原理论那样，它很大程度上也只是一种看似合理的推测而没有实际证据来加以证实。在这个及其他相互关联的进化过程的复原中，达尔文的目的正是要表明如何通过可能的中间类型将看似无法连续起来的种类联系起来。要得出一个合理的进化复原构想，必须回答两个问题：第一，过渡路径是什么？其次，为什么会遵循这样的路径？相比前者，后一个问题的答案更多地要靠猜测。它要依靠对某种过渡变异之优势的识别或者假想自然表面出现某种裂隙，使得一个演化着的类群通过适当改变能够嵌入其中。然而，如果认可通过自然选择的进化作为确定的和唯一的机制，生物由此而获得各自的特殊性状，那么一连串的优势性状必定会促使一系列的演变发生。

由于生存方式发生了变化，或者由于当地的生存条件发生了改变，灵长类系列中的某一古代成员逐渐离开树上，更多地在地上生活，这样一来它惯常的行进方式就随之发生改变；这种情况下，它要么成为完全的四足动物，要么成为两足动物……只有人变成了两足动物；我认为，我们可以部分地了解他是如何学会直立行走的，这是人与其最近的近亲间明显的差别之一。如果不使用手，他就根本无法获得目前在地球上的统治地位，他的双手适应性之强令人称奇，完全能遵从其意志行事……但是，若双手和双臂依然习惯于惯常的行走姿势的话，它们就几乎不可能变得如此完善以至于能制造武器或用石头和投枪准确地投中目标。……如此粗蛮地使用手臂行走，还会使触觉变钝，而手和臂的灵巧很大程度上要取决于触觉。即使仅仅出于这些原因，变成两足动物对人类也是有利的；不过，双臂和整个上半身的自由活动对许多动作来说乃是非常必要的；为了这个目的，他必须双脚稳固地站立住。为了获得这个巨大优势，他的双脚变平了，而且大脚趾发生了特殊的改变，尽管这使他双脚几乎完全失去了抓握的能力……毫无疑问，对人类而言这确是一大优势，用脚稳固地站立以及手与臂的自由活动使得他在生存斗争中取得了重大胜利。因此，我看不出为什么变得愈来愈直立或越来越像两足动物对人类祖先不是极其有利的。（D i. 140—142）

达尔文将这种颇为合理的复原构想继续延伸扩展到其他方面，如直立姿势和脑体积变大对头骨结构、面部形态、齿列、脊柱弯曲、骨盆加阔等的影响。

这类复原重构观点并不意味着有一种超越了即时可见的好处的、迫切的外部需求导向存在，理解这一点很重要。在这一时期也同时发现了自然选择进化原理的博物学家阿尔弗雷德·拉塞尔·华莱士却无法接受下面这一观点，即人类各阶段的进化可能仅仅是因为要适应自然环境的迫切要求。他认为，人类的进化要比实际需要的完善许多，尤其是在智力上远超出了自然选择可能的要求；"有一种更高智慧指导人类朝着一个确定的方向发展，而且是有着特殊目的的，正如人类引导了许多动植物的发育方向一样。"

达尔文对引入这种"更高智慧"所作出的反应是，他坚持认为由诸多可以理解的、即便不为人们所确知的原因所引起的选择行为是没有任何限度的。显然，人类的物质和文化发明应归功于其高超的智力水平，这些发明使其成为了

　　地球上曾经出现过的最具优势的动物……处于最野蛮状况下的人类仅凭借这几项发明便从自然界中脱颖而出，而这几项发明乃是人类观察、记忆、好奇、想象和推理等能力发展的直接结果。因此，我无法理解华莱士先生为什么认为"自然选择只能把略优于猿类的大脑赋予未开化的野蛮人"。（D i. 136—138）

　　人类高级智能的演化引起了语义学和形而上学方面的问题。但达尔文发现比较法在一定条件下同样也可以应用于心智方面，该方法曾成功地解释了一些争议不是那么大但却同样复杂的进化过程。早在 1838 年他就意识到：如果只集中探讨人类思维的主观方面，势必会将讨论内容完全局限在人类的范畴里，而将动物中的任何类似情形排除在外，对其一无所知。"全都成了中心，如果是这样的话，就无周围一说了！！"（T ii. 109）研究"周围"指的是探讨动物的行为，从动物的行为类推以重新描述人类的行为："人类起源证实了——形而上学一定会蓬勃发展——了解狒狒的人会比洛克在形而上学上走得更远。"（M 281）

　　这牵涉到进一步研究探索将通常用来表述人类精神活动状态的语言合理延伸以解释在具体情况下似乎可与人类行为相类比的动物行为，人的行为通常伴随这类精神活动。只要这些延伸看上去合乎情理，那它们就可以作为证据支持动物和人的智能之间有连续性这一观点。如果一只狗在受到棍棒威胁时好像表现出"害怕"的样子这种说法是合理的，那么"会害怕"就可以被正当合理地扩展推及到所有狗身上。此种延伸只是表明在某种情形下动物与人的行为相似，从逻辑上来说，这就好比一个胆怯的人受到类似威胁而表现出害怕，而他害怕的心理状态我们不是通过语言来核实的。"忘掉对语言的使用，只根据你看到的来判断"（M 296）。达尔文的形而上学比较观用纯粹的本义上的拟人法来解释其他动物的精神活动。的确，"证实了人与动物的身体本质上是同属一类后：考虑其精神活动问题几乎有点多余"（T iv. 163）。形而上学地反对把人的心智能力推及动物身上，在达尔文看来就是"狂妄自大"。

　　达尔文的拟人观受到各种各样的攻击，同时也有人为之辩护，把它当作一个恰当而现成的比喻。这种攻击和辩护肯定都是不恰当的。达尔文的整个观点是要表明：人与

动物的行为有同源相似性，若黑猩猩的前肢末端结构可以
被称为手，那高级哺乳动物流露出恐惧、欢乐的表情以及
显示出推理能力也同样不足为奇，它们只是程度上有差异
而非本质上不同。动物界存在一种连续性的"思维能力"，
达尔文认为它是伴随有组织的神经系统的出现而出现的，
如此一来，"人与动物之间的智力差别并非如此之大，远
不如没有思想的生物（如植物）和有思想的生物（如动物）
之间的差别那样大"（Ti. 66）。

　　这种"思维能力"在动物界有多种表现形式。有些行
为如本能行为，似乎特别适用于动物，另一些如推理能力
或良心，尤其适用于人。不过，达尔文的成就之一就是说
明了此类概念之间的界线是多么模糊：

　　我不想给本能下任何定义，而要证明这一术语通常包
含若干不同的心理活动会相对容易一些。当说到本能驱使杜
鹃迁徙，并把卵产在其他鸟类的巢内时，谁都理解这是什么
意思。一种行为，我们人需要有经验才能完成，而由一种动
物，尤其是缺乏经验的幼小动物就能完成，并且在不知道为
了什么目的的情况下许多个体都能按照同样的方式来完成

时，这样的行为一般被称为是本能性的。但我可以证明，本能的这些特征无一具有普遍性。正如皮耶尔·休伯（Pierre Huber）所说，少许的推理和判断常会参与其中发挥作用，即使自然体系中的低级动物也是如此。（O 207—208）

由于越来越多的判断和推理的干扰，用"本能"这个术语来描述高级动物的复杂行为则变得愈加困难：

东印度群岛的猩猩及非洲的黑猩猩，构筑平台作为住所；由于二者都遵循同样的习性，或许可以认为这是出于本能，但我们却无法确定，这不是由于两种动物具有相似的需要和相似的推理能力而造成的结果。（D i. 36）

对人类而言，"本能"这个术语常用于描述婴儿的行为以及那些不自觉的动作，特别是与知觉和情感相伴的不自觉动作。新生儿的吮吸、愤怒的号哭、恐惧的叫喊都容易被认可是人的本能行为，而无论是细节还是情境上都类似的行为也可以在较高级动物身上找到。在《人和动物的表情》（1872）一书中，达尔文指出：高度社会化的鸟类

图 8 在他的开创性著作《人和动物的表情》（1872）中，达尔文用了一些照片作例证来说明问题，其中许多照片是他为此而特地委托别人拍的。他意在说明面部情绪表达的程式化特征。"总体上承认所有动物的结构和习性是逐渐演化而来的人，都将会以一种全新而有趣的视角来审视整个表情问题。"

和哺乳动物通过多种方式表达恐惧、快乐、性欲、惊慌和友爱。包括人类在内的哺乳动物，通常用面部表情如皱眉或怒吼来表达情感，有时还辅以额外的动作来强调和凸显此类情绪信号。通过集中探讨婴儿行为以及蒙昧和文明状态下人类的普遍表达行为，大致是可以将先天的情感表达方式跟纯粹的习惯性表情特征区分开的。一些普遍的情感表达方式是人类和动物所共有的，这突现了共同生理基础的存在，削弱了"个体独有的"能力在决定人际关系的某些特征时的作用。最后一点，也许是最重要的，达尔文指出了简单程式化表情的有用性。它们不仅只是不自觉地流露出来，而且还把有关一个人心理状态的信息传递给另一个人，不仅对表达者产生影响，也会影响接受方。

达尔文的人类生物学最显著的特点是，他认识到社会化在人类进化中的绝顶重要性，这一考虑使他避免了像华莱士及其他人一样不得不求助于一种神秘力量，而这种求助本身就很无力。正是这条主线在《人类的由来》一书中把两个看似不相关的主题——人类的起源和本质与性选择——联系了起来，因为一个物种的两性组织是其社会组织的必要构成部分。与亲代和子代之间、雄性和雌性之间、雄性和雄性之间的相互作用相伴的行为方式像其他许多性状一样，会受到有差异的生殖作用影响而进化，正如非社会化的体质或行为特征一样。在《人类的由来》中，性竞争和性选择被用来解释人类的某些体质特性，因为这些特征似乎没有直接地增强其生物学上的总体优势。相较于类人猿，人类普遍缺乏体毛，而且男女体毛分布有差异，达尔文把这归因于性偏好。显著的种族差异经常在性别差异特征中有所体现，如在体毛分布或者男女相对身高方面。最终他得出结论认为：人类的性偏好及对异性美的看法是多变的，但在特定的人群中相当稳定，这使得原始人在各大洲的扩散中外在的人种特征会有所改变。

在那个时期，人类一些习惯行为上的差异越来越为人们所认识和了解。关于性行为在人种形成中的作用，达尔文的观点是相对局限的，但他并没有对其加以扩展，对决定部落、社会或家庭具体结构的生物特性进行凭空推测。合理地解释诸如语言、天分、美感、道德及宗教意识等复杂智能活动的演化过程显得更加重要，似乎正是这些特质把人类与其他物种区分开来。达尔文把与上述智能活动相关的行为和语言看作是有用功能，它们在人类中是高度发达的，但却根源于人类之前的动物行为。的确，经过一系列方言变化的语言演化、语言的连续性、地区差异性、古老形式的变化、原初痕迹以及语言对交流功能的适应性改变等等都是 19 世纪早期的流行话题。达尔文在《物种起源》里多次用语言演化作比喻来说明生物的进化过程。

在《人类的由来》中，达尔文很自然地与那些认为语言起源于声音的原始表达功能的语文学家站在一起：

> 我不怀疑语言是起源于对各种自然声音、其他动物叫声以及人类自己的本能呼喊的模仿及修正，并辅以示意动作和手势……从一个广泛适用的类推中，我们可以断定：这种能力的运用在两性求偶期间一定特别突出，它可以表达各种情感，如爱慕、嫉妒及胜利时的喜悦，还可以用来向情敌发出挑战。对有节奏叫喊声的清楚模仿可能促成了表达各种复杂情感的词汇的出现。（D i. 56）

这段话清晰地表明：作为人类至高社会属性的语言，起源于由性关系引起的社会性。

达尔文把人类的语言天赋与人类非凡的推理能力或智力联系了起来。他把人类能形成新奇联想的能力看作是一种更复杂的能力，它替代了那种相对固定和确定的本能行为。人类真正的本能行为明显比其近亲要少而简单。人类的语言能力是一种先天的、极其独特的适应能力，它与人类的智力普遍高度发达有关，它明显区别于人类使用某种语言的天生能力，比之更精妙。"我们必须相信：学习希腊语比将它作为一种天生能力传给下一代需要一种更高级、更复杂的大脑组织结构。"（M 339）

达尔文把语言看作是一种特殊适应性，这一点相当重要。他从"婴儿的咿呀学语"中作出推断，将之表述为"想要说话的本能倾向"。其中的关键在于：区别性特征不是语言本身而是语言倾向。达尔文没有认识到身体方面的适应性变化是一个本身也要受选择作用影响的特征，这在很大程度上造成了他在获得性状遗传问题上的困惑。但在一般行为问题上，特别是语言问题上，他还是牢牢把握住了适应性这一概念。

华莱士认为可为人所理解的选择作用仅能解释说明人脑功能可略微超过猿类。达尔文对语言使用之发展过程的解释部分地回应了他的这一反对意见。

经过之前一个相当大的进步，一旦半艺术、半本能的语言被运用后，智能的发展紧跟着就阔步前进了；因为语言的连续使用会对大脑产生影响，并产生一种遗传效果；反过来，这又会对语言的完善起到积极作用。同低等动物相比，人脑按其比例来说是较大的，这在很大程度上可归因于早期对某种简单语言形式的使用——语言是一种奇妙的机器，它给各种物体和各种性质附上记号，并引起联想；单凭感官印象，联想绝不会发生，即使发生也不能进行到底。（D ii. 390—391）

要知道达尔文提到"进步"或"发展"时——他在其关于人类的著作中频繁提及——总是暗含着这种进步或发展的取得乃是以不够先进者或较不发达者为代价之意，被华莱士及其他人所忽略的环境压力恰恰是来自于人类内部各演化系列之间的相互竞争，而不是某种非生命因素的影响，如气候、食物资源或来自捕食者等某种明显比人类低等的动物的影响。

一定程度的社会化显然是语言进化的一个必要条件。达尔文进而认为道德感的根源可以在社会结构的发展和维护中找到。从日常观察中能够看出，许多动物有一定的社会性。在社会性的物种中，可以看到社会生活的某些适应性结果，它们通常以互助为特征。因此，认为在正常进化过程中物种能够调整其行为以适应社群生活似乎是合乎情理的。达尔文将个别动物社群的特殊行为暂放一边，而是集中精力探究原始的交往趋向的性质。他认为社会性动物乐于交往，而这种快乐的源泉又进一步激发了社交行为。主观上对快乐的期待可成为人类活动的一种动力。达尔文清楚地看到快乐只是行为的一个伴生结果，其效果是有生物适应意义的。它是适应性行为的结果，也是这种行为不断重复的原因，它取决于行为本身的生物价值。人类或低等动物先天倾向或本能的成功表达本身就是令人愉快的，但快乐的源泉是由进化中的偶然事件决定的。

达尔文认为：道德观念或良心源于想要参与社会行为的内在倾向未得到实现而产生的情感不满足。结果，道德观念所呈现出的特定形式，如那些在特定社会中可能被认为是善举或恶行进而受到良心主观审判的具体行为，仅仅是由偶然事件决定的，这些偶然会在那个社会中以某种社会化形式固定下来。

围绕达尔文对社会行为引起的良知进化的讨论，有一个深层的进化矛盾我们至今仍未解决。这个矛盾就是：当动物以一种"社会性"的方式进行活动时，它往往会牺牲自己的个体利益以利于群体。而就像达尔文在《物种起源》

里所指出的，自然选择应该演化出利己而非利他的生物体。达尔文从不育工蜂超级无私的行为中不仅看到了动物社会行为的自相矛盾之处，而且也找到了合理的解释。这里的关键是每个蜂箱实际上都是一个大家庭，而由于遗传规律的作用，自然选择既可以在个体层面也可以在家庭层面上发生。

因此，我相信具有社会性的昆虫也是如此：身体构造和本能方面的轻微变异主要是与集体中某些成员的不育相关，这对整个集体是有利的；其结果是：同一集体中能育的雌蜂和雄蜂会发展壮大，并把繁殖有同样变异特征的不育成员的倾向传给它们有生育能力的后代。（O 238）

由此，在对待一般社会行为的进化问题时，达尔文相信它最初只能出现在包含许多亲密相关个体的大家庭群体中，因此，人类的早期进化一定发生在类似的群体中。无疑正是出于这一原因，当他希望阐明特别的道德规范起因于特殊的偶然事件这一点时，他就以蜜蜂作了例证，因为在这里个体与社会需求之间的冲突很容易地以有利于社会的方式得到了解决。

各种动物都有一定的审美观，虽然它们所欣赏的对象大不相同。同样地，它们可能也有是非观，虽然由此所引出的行为会大不相同。举一个极端的例子，人如果是在与蜜蜂完全相同的条件下被养大，那么几乎不用怀疑的是，未婚女性会像工蜂那样把杀死其兄长视为神圣的义务，母亲也会努力杀死其能生育的女儿，而且不会有任何人想到去干涉。尽管如此，我以为，蜜蜂或其他社会性的动物似乎会获得某种是非观念或良知……在这种情况下，一种内在的告诫机制会告诉这种动物遵从某一冲动会比遵从另一冲动好。应该遵从这个行动方向：这个方向是对的，另外一个是错的。（D i. 73—74）

显而易见，达尔文意识到了他把以前限用于人类的道德术语扩展延伸到非人类行为上的做法有多么激进。

语气肯定的"应该"（ought）一词似乎只是为了表明：人类意识到一直有一种本能在指导着他，它或是先天的或是后来部分获得的，尽管有时人类可能会违背它。我们说猎犬应该追逐猎物，指示犬应该用头指示猎物的位置，拾猎应该衔回猎物时，这里的"应该"很难称得上是比喻用法。如果这些狗没有这么做，那它们就是没有尽到自己的义务，是行为失当。（D i. 92）

　　从道德相对论到否认上帝是唯一的道德权威仅一步之遥。达尔文接受了奥古斯特·孔德（Auguste Comte）的观点：强大的超自然力量只是一种概念，原始条件下人类把无法解释的现象归因于它。尽管"对文明程度较高的种族来说，笃信一位无所不察的神存在，对道德观念的发展具有重大影响"，但是人类学证据并不支持这种信仰从根本上不同于信仰"存在着许多残忍和恶毒的精灵，它们的本领只比人类稍强一点；因为对它们的信仰远比对一位仁慈神的信仰更为普遍"（D ii. 394，395）。

　　在达尔文看来，文明世界里作为道德化身的上帝只不过是一些习惯信仰的化身，在较低等动物的社会本能中可寻见其根源。当达尔文写道，完全凭良心做事的人会说："我是自己行为的最高评判官，借用康德（Kant）的话说，我本人不会侵犯人类的尊严"（D i. 86），他无疑是在讲述自己的道德观。

达尔文并没有从其关于道德观起源的自然理念中形成一个独特的道德哲学观。他隐晦而私密地求助于康德的哲学观点大概说明：他已经看出康德个人对道德责任感的明确信念与一种希望按照社会认可的方式行事的生物本能相关。否认神是唯一的道德权威显然不等于否定宗教教化出的行为的道德价值。在达尔文看来，既然道德价值是由社会的总体特性所决定，在他自己社会的道德框架内，他就可以自由地称赞他所珍视的行为或者批评他从道德上感到厌恶的行为。

达尔文有关人类道德进步之源的观点前后存在矛盾，虽然依照他开明的中产阶级价值观，他并不怀疑这种进步的确发生过，而他所处的也基本上是一个道德上比较进步的环境。同时他又认为：通过适当的婚姻，人类"通过选择可以对其后代产生某些影响，不仅在体质构造方面，而且对智力和道德品质也可以产生影响"（D ii. 403）。而"道德品质得到提高，不论是直接或间接地，更多的是习惯、推理能力、教育、宗教等影响的结果，而非通过自然选择……"（D ii. 404）。为了说明前一个观点，他同意他的侄儿，第一个人类遗传学家弗朗西斯·高尔顿（Francis Galton）的观点："如果轻率者结婚，谨慎者避免结婚，则社会的低素质成员将可能取代那些较优秀成员"（D ii. 403），应该是"所有人公开竞争，最有才能的人不应受法律或习俗的阻碍，应该获得最大的成功并养育最多数量的后代"（D ii. 403）。

上一代时，社会科学中最激烈的争论可能是关于人类最高级的社会特质和智力品质受内在的生物特性所支配的程度。从动物社会进化研究中吸取原理的进化社会生物学，明确地意欲把这些原理规定性地应用于人类的研究，爱德华·威尔逊（Edward Wilson）这位新达尔文主义的主要代表人物甚至准备把追求"一种天生向往幸福的文化"和"准确遗传而完全公平的道德编码"作为有望实现的理想目标。

很明显，这样的理念可以在达尔文的著作里找到根源。如果人类的社会本性不仅是由基因决定的，而且是被明确规定好的，那么认为基于生物学基础上的人类道德行为规范存在的论点，与达尔文的主张"指示犬'应该'用头指示猎物位置，因为它们在体质结构上适合这样做"确实是一致的。此外，仍然依据达尔文的观点，如果指示犬那样做了，它们会更开心。但在具体说明人类的行为特征时，达尔文保持了一贯的谨慎。就像是最好把人的语言能力表述为一种普遍的说话倾向而不是一种会讲希腊语的特殊天赋一样，其他形式的社会性之异质性说明其也只是一些承袭通常行为类型的倾向，而并非是由遗传准确决定的。似乎我们人类潜力巨大的文化适应性最终将会捍卫自己，抵制进化社会生物学在解释人类行为时傲慢的科学态度。

第七章

完善与进步

　　自然界的"完善"概念是达尔文之前解释自然的理论中所不可或缺的，是造物主设计之手存在的证据。"进步"这个概念源自推理进化论：从胚胎的发育，从动植物的多样性，从最简单的有机物到人类都能推断出它的存在。在人类问题上，完善和进步代表着两种对立的、各有存在理由的原则，二者的对立与冲突是 18 世纪和 19 世纪初期思想的一个主要特征。英国国教和保守政治理论坚持维护现存制度的价值，而革命、浪漫主义及民主的兴起却坚决主张发展进步的必然性。人类制度的理想模式无论是静止还是变化的，达尔文都没有太大兴趣，但将完善和进步二者的哲学内涵拓展到生物界并形成具有解释力的原理却事关重大。完善和进步是抽象概念，在达尔文的实证和相对体系中很难占到一席之地。不管如何去合理界定作为一种普遍性质特征的"完善",自然界现实的情形必定会与之发生背离,因为变异和选择必然意味着适应性方面的差异。物种的绝灭和死亡被认为是时间推移作用于生物种群的一种必然结果而并非是神意,这样一来生物结构的"完善"就只能结合其生存环境来界定。

神创论和自然选择学说都要对结构适应这一重要现象作出解释。达尔文的辩证立场是基于这样一个基本观点:即使是按最广泛意义上的"完善"标准来看,也并非所有的东西都那么完善。如果造物主有能力创造能够适应任何环境的生物,那为什么他的创造力在一些岛屿上失灵了,如在新西兰似乎罕见有哺乳动物存在?为什么习性和构造之间经常不能实现完全对应呢?就如南美平原上的啄木鸟,"那儿一棵树都没有……其身体构造的每一个重要部分都清楚地说明:它与我们常见的啄木鸟有很近的亲缘关系;然而它却是一只从来没爬过树的啄木鸟!"(O 184)对达尔文而言,适应只不过是偶然性和时间相互作用的结果。如果偶然性太精确,而时间太短或竞争太激烈,灭绝现象就会发生。

退化的器官是身体结构上不适应的极端例子,如蛇或鲸完全退化的后肢和骨盆的痕迹，或者在多风岛屿上生活的甲壳虫背上始终被硬壳覆盖着的翅膀。依据完美造物论的观点，它们是没有意义的。然而，在达尔文看来，这些退化器官都是生物过去的残迹，它们是在进化过程中为应对偶然出现的改变而发生了退化，这些器官尽管仍可显出其同源痕迹，但在生物的生活中已没有用途。

细想这些事实，无论是谁都会倍感惊异：因为推理清楚地告诉我们大多数组织和器官都近乎完美地适应了某些目的，与此同时却又同样明白地告诉我们：这些退化和萎缩了的器官是不完美的、是无用的。在博物学著作中，残遗器官通常被说成是"为了对称的缘故"或"为了完成自然的设计"而创造出来的。但是，这在我看来并不能算作一种解释，而只是事实的复述。是不是因为行星沿椭圆形轨道绕太阳运行，那么就可以说卫星为了"对称的缘故"和"为了完成自然的设计"也沿着椭圆形轨道绕着它们的行星运行呢？（O 453）

除了个别相对偶然的情形，生物的构造并不符合完善的标准，同样动物行为也远未达到完善的程度。如果是完善的，仁慈的造物主就应该考虑到"让人的体味为蚊子所厌弃"（T ii. 103）。显然，依据达尔文道德起源的观点，偶然性是唯一相关的决定因素。语气肯定的"应该"（ought）一词只能根据具体情形来界定。达尔文在《物种变化笔记》里将生物学中"完善"的定义简化为仅包含"完善就在于能够繁殖后代"（T vi. 159）这层含义，以便能在他的理论体系中站得住脚。确实，这也是直到今天唯一还能成立的含义。

不论从道德上还是从结构上讲，自然界都是不完善的，在这一点上证据显然对达尔文有利。不过，生物界复杂而精妙的适应常常令人惊叹不已，所以达尔文当然预料到了要让人们接受它们只是变异和自然选择的结果很困难。不过，他总是援引"伟大的分阶段演化原则"，使其观点始终保持一致。至于复杂或奇妙的结构，问题只在于程度上的区别，而非质的差异。

像眼睛那样的器官，可以对不同的距离调焦，接纳强度不同的光线，并可矫正球面和色彩的偏差，其构造之精巧简直无以复加，假设它也可以通过自然选择而形成，那么坦白地说，这似乎是极其荒谬的。然而理智告诉我，如果可以证明，从极其简单而不完善的眼睛到复杂而完善的眼睛之间存在着无数的中间进化阶段，且每一阶段对动物都是有益的（实际上确是如此）；再进一步假设，如果眼睛确实发生了变异，哪怕是很轻微的，且这些变异得以遗传（事实的确如此）；如果这个器官的任何变异对生活在变化环境中的动物是有利的，那么极其复杂而完善的眼睛可以通过自然选择而形成这一点虽然很难想象，但接受其是可能的并非真就那么困难。（O 186—187）

另外，一些神奇的适应性变化常常不是某种生物所独有的，如翅膀对飞行的适应在鸟和蝙蝠身上都发生过。如果造物主负责分派飞行能力，那他一定分派了好几次，用完全不同的方式来解决飞行这一个问题。起点不同、进化路径不同的独立进化群体最终可能会获得相似的功能。正是这一事实，即解决一个复杂问题的特殊方案具有不唯一性，限定了整个"完善"理念。

达尔文的许多有关植物的著作，尤其是《兰花的传粉》（1862）、《攀缘植物》（1865）和《食虫植物》（1875）进一步推翻了这样一种观点：即自然界是一个为了圆满完成某些任务而断续设计创造出的众多完善个体的集合。达尔文对所有这些神奇的适应性变化进行分析的主旨是一样的。变异遗传要求在同类生物群中存在结构相似性，而生存环境具体决定这种遗传特质如何对物种有用。任何适应，无论多么奇特或特殊，审视的人若是期待看到它与同类生物在构造上具有一致性的话，这种适应的独特之处也仅仅只是部分程度上的。兰花花朵各式各样，其完美程度令人惊叹，可确保授粉能通过某些昆虫来完成，而这些昆虫本身对兰花的适应程度也同样让人惊奇。而这种令人惊叹的完美可以看作是由更常见花的普通花朵在一些基本同源结构方面出现的多种变异不断累积的最终结果。如果这些特殊的适应是无所不知的造物主赐予的，那么就无法对这些已经稍有变异但仍较明显的小缺陷的存在作出合理解释。然而，如果先前存在的器官为了应对偶然性变化发生随机变异而获得适应性结构，那么高度特化的和较简单的花都遵从的基本潜在规则就可以得到解释。近代评论家迈克尔·盖斯林（Michael Ghiselin）很有影响地写道，所有

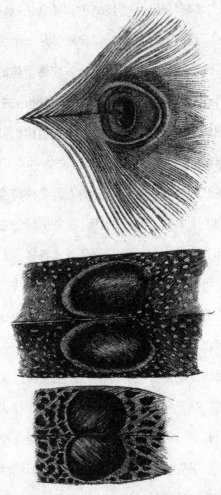

图9 许多雄鸟美丽外观的演化，在此以孔雀尾羽上的眼斑为例，需要一个
以雌性选择为基础的新解释。即使是"极度完善的器官"一定也有着
不甚完美的前身。达尔文注意到：位于孔雀尾羽中央的眼斑似乎是由
最初在羽轴两侧对称出现的眼斑融合而成，这种演变模式有各种中间
形态，他在同类的雉类中都可看到。

这些特殊的适应性变化都是"新奇的构造"而不是"精心的设计"，是机械性地演生而来的。

对达尔文而言，"完善"这整个概念毫无用处，甚至是有害的，它被随意用于表示那些合乎人类看法的变异，因为它们似乎正好与人们所认可的生物任务该如何完成的观点相吻合。如果生物任务只是简单的"繁殖能力"，那么不论一种适应性变异多么令人讨厌或效用多么差，只要它可以做到成功繁殖，就不能无端地否认其完善性。

如果我们赞叹昆虫那神奇的嗅觉，许多雄性昆虫凭此可找到它们的雌性；那么，仅为了这种生殖目的便在一个蜂群中产下数千只雄蜂，它们除此之外对群体再无别的用处，最终会被它们勤劳而不育的姊妹工蜂所杀掉，我们对此也要赞叹吗？……如果我们赞赏兰科和其他许多植物的花朵拥有某些巧妙构造，可利于昆虫完成授粉，那枞树产生出大量密云似的花粉，以便其随风飘散时其中少数几粒会碰巧落在胚珠上，我们是否也可以认为它同样是完善的呢？（O 202—203）

达尔文对上述反问的回答当然是：我们的看法其实无关紧要。总之，动植物的表现已够好了，这样，"完善"的概念就被单纯的"足够"理念所替代。即使花了很大的代价才做到了足够好，那也同样是足够好。但如果自然选择让其付出了代价，那它同时不也促使其进步令其受益了吗？自然界的不完善早在马尔萨斯之前就为人们所注意到了，整个 18 世纪为证实上帝创造了人类而进行的持续不懈的论争终告失败，促使人们的认识由自然体系"必然是静止的"走向了"必然是不断进步的"这一前景更光明的假说。到 19 世纪中期，关于物种起源问题，几乎所有的哲学推测都是进化性质的（尽管并非达尔文主义）。大自然被拟人化成了某种非物质力量，不断地致力于创造更复杂的生命形式。现有生物的丰富多样体现了物种逐渐走向完善的系统进步过程中的不同阶段，而对完善状态的界定则各种各样，要么隐晦难懂，让人无从捉摸，要么多多少少认同基督神学关于高级生物的传统优点。人类这个物种代表了这一进化完善过程中所到达的无可逾越的至高点，人类在个体生存和社会生活方面表现出的神奇智慧指示了前进的方向。

人类会把自己的价值观念无端地强加于一个本没有负载这种价值的过程之上，在达尔文看来，必然的前进性进化观念是又一例证。一维性的进步法则否定了物种可通过持续的繁殖能力确保与现存物种在生物结构上保持等同的可能性。"说一种动物比另一种动物高级其实是很荒谬的，是我们主观地认为那些大脑构造或智力最发达的动物是最高级动物。蜜蜂无疑是本能最发达的。"（T i. 50）心智的发展，无论是智能型还是本能型，显然不是划分生物等级的唯一参考标准，因为它没有把植物考虑在内。"看着被最美丽的稀树草原和森林所覆盖的地球表面，谁还敢说智力的进化是世界的唯一目的？"（T i. 72）不过，在生物界某种可以被称作"进步"的现象显然还是发生了，尽管朝着许多不同的方向。这种进步到底包含什么具体内容并不清楚，但达尔文倾向于接受复杂性这一理念。然而他还是从本质上怀疑进步的必然性。如果生物界趋向于越来越复杂，那么这种现象应该得到一个解释，它并不是完全不言自明的。这里的关键问题还是生物进化的盲目性，它仅是对偶然事件作出反应。达尔文意识到，总的说来，偶然事件有利于多样化：一群生物的存在正好为另一群生物创造新的生态位（举个简单的例子：植物为动物创造生态位），依此无限类推，于是生物的复杂程度就取决于其环境的复杂性。从化石记录可知，开花植物的主要进化过程极其迅速，是在采蜜昆虫的进化推动下完成的。达尔文对这一新奇理念（1877 年有人向他提出）很感兴趣。昆虫确保杂交快速有效，而植物用包含了花蜜的鲜艳美丽或芳香馥郁的花朵引诱昆虫。两个种群共同快速进化。但假如有适宜的环境，这一进化过程即便不能完全逆转，至少应该是可以倒退的。

大洋洲诸岛为高等生物的倒退性演化提供了机会，这在大陆上是不可能实现的，在那里复杂构造最初就已经形成。在此类岛屿上，不会飞的鸟和昆虫显然已经丧失了一项非常复杂的功能。同样，栖息在洞穴或地下的失明动物因为偶遇新环境而丧失了视觉。在讨论这种倒退性变化情况时，达尔文引入了一个新的观念，这个观念使他的见解极为现代：演变一般趋向于最经济地使用资源，该原理是从马尔萨斯的矛盾说直接得出的，即繁殖速度往往会超出可用资源的承载能力。无用的器官，如穴居动物的眼睛纯属资源浪费，会消耗掉用于生殖的资源。在这样的动物身上，经济原则可能会经常发挥作用……根据这一原则，任何器官或结构，如果对所有者没有用处，其制造材料将尽可能被节省。这往往会导致退化器官的完全消失。（O 455）

经济原则会调节生物的行为方式以使其生存环境容纳量达到最大化。这一点在达尔文对蜜蜂蜂巢中六棱柱形蜡质蜂房的构造描述中得到了体现，他用数学论据阐明了这种蜂巢结构正好能将所用蜂蜡量降到最少。蜜蜂把采来的花蜜转化为蜂蜡用以筑巢。它们也把花蜜转化为蜂蜜，储备在蜂巢里，用作蜂群越冬时一种必不可少的食粮。如果花蜜有限，最大限度地减少构筑蜂巢所需的用量显然是有利的，这样会让用来生成蜂蜜储存起来的花蜜量达到最大化。

这样一来，经济原则可以同时解释退化和进化现象，可以解释自然界中最完善的构造之一——脊椎动物的眼睛——的退化，也能解释最微妙的动物本能行为之一的进化发展。

于是，进化"盲目地"遵从着最大限度地利用资源的路线，此路线是"前进的"还是"后退的"，取决于观察者的看法。一般情况下，进化路线似乎是向前发展的，因为竞争的优势总会存在于能力较强、效率更高的物种成员一边，不具备优势的个体被同一物种中的其他成员所代替，自古至今都是如此。

这种观点否定了进化发展都必然是"进步的倾向"。由此，人类这个物种成了地球演化史上的偶然产物。理论上讲，与鸟的翅膀为飞行问题提供了独特解决之道相比，人类那些最有价值的品质并不显得多么独特。"这真是偶然的机遇……造就了人，若有这样的机会，任何猴子都有可能变得一样聪明，但几乎肯定不会演变成人。"（T iv. 166）

许多同时代人都拒绝接受达尔文关于前进性进化问题的解决方案，因为它不允许神造行为的存在。即使进化被广泛接受后，上帝仍被视作是引导者。如果说变异是自然选择发生作用的原材料，那么上帝的干预可以被用来解释进化中的进步倾向，特别是用来解释有目的的人类起源，他为每个进化阶段提供有利的变异。达尔文拒绝接受这种观点，并最终排除了进化过程中所有超自然力量的存在。他的拒绝是建立在正确的信念之上：变异和其"用途"之间是相互独立、互不关联的。在家养物种中变异被人类所用只是一个类比，但其论点被泛化了。无所不能的造物主真的能预见哪种变异能使某种生物通过人类的作用或在野生状态下超越其近亲，更好地繁殖子孙后代吗？

他（上帝）曾规定不同鸽子的嗉囊和尾羽应该不同以便其爱好者能够培育奇特的球胸鸽和扇尾鸽吗？是他让狗的体格和秉性有所差异以便能形成某个凶猛无比的品种，其牙齿尖利无比，能咬住公牛，以供人类欣赏这种残忍的体育活动吗？可如果我们在一种情形下放弃这一原则……那就没有理由去认为：性质相似、都作为相同的基本法则之作用结果的变异是受到了有意的、专门的引导，虽然它们为自然界的动物（包括人在内）经过自然选择完美地适应环境提供了基础。无论我们多么希望，我们都无法认可阿萨·格雷的观点："变异是被引导着沿某些有利的方向发展的，就像一条溪流沿着确定和有用的方向流淌去灌溉农田一样。"如果我们设想每种具体变异自最初始之时就是预定好的，那么，能引起许多有害的结构变异的生物体构造的可塑性，以及不可避免地引起生存斗争并最终导致自然选择或适者生存的过剩繁殖能力，在我们看来似乎都成了多余的自然法则。而另一方面，万能的上帝规定和预见了一切。于是，我们就不得不面对一个无法解决的困难：一切到底是自由意志的结果还是上帝预先设定好的？（Ⅴⅱ.431—432）

第八章

达尔文主义与意识形态

1980 年，竞争世界上最有影响力的世俗职位——美国总统的两位主要候选人，都急于公开宣称他们相信《圣经》的创世故事本身是真实的。这郑重地提醒了我们，达尔文的进化论还没有得到普遍认同，并不像其早期支持者所认定的那样。意识到早在一百多年前赫胥黎就在为此与当时英国前任和后来又几次就任的首相格莱斯顿先生（Mr Gladstone）进行针锋相对的斗争，这让生物学家特别苦恼。的确，我们担心随着科学认识与普通信仰之间的隔阂不断加深，这种局面将会变得更糟。事实不幸确实如此，达尔文当时苦苦求索而没有成功解决的问题最终在基因学这门新科学里找到了答案。然而，虽然基因特性以令人满意的方式简单明了地解释了生物进化的许多问题，但基因却无法说服一些人，因为他们根本无法想象肉眼不可见的微小物质的真实存在。

虽然达尔文的观点中暗示了将来最终会发现带有基因特征的东西，但是进化论并没有完全地依赖这一附带分析。如果进化论的正确性遭到普遍质疑，就会出现一个问题：通常情况下科学假设如何才能被认可？人们常常误以为：在取得某种所谓的"证据"之前，科学家对一些所谓的科学论断总是持保留态度。其实更确切地说法应是：在"反驳证据"出现之前，科学家倾向于相信合理的、具备科学性的论断是正确的。然而，科学的论断与其他逻辑同样严密的推断之间有着显著差别，这种差别在于科学论断与现实世界直接关联，现实世界的确有可能提供反驳证据。

对于达尔文的进化论，现实世界始终没有能够提供反证。野生生物确实呈现出差异，许多变异遗传下来了，但并非所有的变异都具有同等适应性。人们可以直接观察到自然选择和自然种群进化，即使在人类中也可以看到。自然选择无疑是一个进化机理。它是否是唯一的进化机理偶尔仍会有争议。如果另外一个进化机理被发现，那它只能算是一个新的进化理论，与自然选择理论并列，并不能取而代之。

人们可能会问：事关久远过去的进化论主张，我们凭什么认为它们是科学的？的确这些主张不容反证，因此理论上讲是不科学的。但过去的事情真的就那么难以了解吗？化石记录原本可能在公元前 4004 年就突然没有了，而事实上它可以追溯到大约 30 亿年前。化石记录也许会显示：我们现在所识别出的所有生物类群在最早的岩层中就已共存，但事实上它所显示出的是从一个很不同的、非常原始的过去形态持续发展成为现今形态的过程，其间偶有突发情况。而人类也许可能是以完全发育成熟的形态一跃出现在化石记录中，没有原始人祖先的证据。而事实上，现在有许多化石看起来像是原始类人猿时期的代表类型。我们得承认，地质学还没有为现代进化理论提供最佳证据，在岩层中挖掘化石按现在的标准看不是一种非常好的实验方式。然而，从已有的地质学证据来看，始终也未能对进化论提出有力的反驳证据。

将进化论用于解释人们未曾亲见过的事情，碰到的真正问题与任何科学推论所遇到的一样。对科学的头脑而言，理想的状况就是，如果一个规则每次被检验时都能得到证实，那它就可以普遍应用于具备了相应条件的所有情形。由于我们不知道时间推移过程中发生过什么事件可能使得进化过程的基本条件不再适合，而我们手中掌握的证据又与进化论相符合，且没有其他具有类似科学性的假设存在，所以我们认为进化论总的来说是正确的。的确，如果所有逝去生物均化为尘埃，我们没有任何化石记录，那么进化论是否会被科学家普遍接受就有疑问了。

至于科学头脑是否有理由认定外在世界存在规律性，这个问题已超出本书的讨论范围。不过，进化论是个特例，很难挑出它的毛病。如果进化论没有得到普遍接受，那人们一定会认为：这要么是因为对其所依据的证据无知，要么是对其结论感到不满。进化论更多地涉及到了精神生活的神圣领域，超出了其他任何科学理论。此时，指望精神领域里的权威对人类存在的终极问题给出一个令人满意的解释变得不再容易：为什么我们会出现在这里？为什么地球就这样自生自灭地运行着？崇高感是什么？达尔文革命剥夺了人们通常可以依赖的许多精神慰藉之源，从这个意义上说，它是残忍的。人体和大脑的结构是进化的结果，就如同海浪的形成过程一样易于理解，认识到这一点可能会带给人智力上的满足，但却不一定能补偿神圣上帝的缺失造成的遗憾。在人类、其他生命形式和无机物组成的物质连续体中，不存在任何空隙或余地让人类可在其中找到自己的特殊之处。的确，我们拥有的非凡的智力天赋和清晰的自我意识似乎特别能够凸显这一缺憾。因为达尔文向人们指出了这个明显事实，不管他是以多么间接的方式，所以一百多年来他一直受到诽谤，被当作是唯物主义的传道者和造成道德堕落的一个主要源头。

具有讽刺意味的是，尽管正统的基督教很难、或许不可能与达尔文主义达成妥协，社会理论学家却获得了从进化论中寻找道德启示的机会。当恩格斯断言马克思的历史唯物论与达尔文的进化论有可比性时，人们一定认为这是对其相对科学价值的评价，而不是针对任何具体内容或应用上的相似性的评价。尽管如此，自达尔文以来，重大的社会或道德进步观念都竭力从进化论那里寻找依据以获得科学认可。但就像达尔文在 19 世纪初没有从积极的社会进步运动中获得进一步发展进化论的灵感一样，到临终时他也看不出有什么理由要把进化论纳入到新的进步哲学观中。他在 1879 年写道："有一个极其愚蠢的观点似乎正流

行于德国，它把社会主义与通过自然选择的进化论联系在了一起！"（L iii. 237）

从进化论中汲取纯粹道德原则一直是后达尔文思潮中反复出现的主题。在英国维多利亚女王统治的后期，尤其是在美国，一种格外残酷的社会生存竞争现象，即"社会达尔文主义"在赫伯特·斯宾塞"适者生存"口号的倡导下兴起。进化论的法则被解释为胜利属于最强者，它是进步的必要条件。作为一种社会行为规则，它为资本家对剩余劳动的大肆剥削提供了理由，赫胥黎斥之为"理由十足的野蛮行径"。赫胥黎努力维护达尔文主义的合理适用范围，奋力抵制其在社会科学领域的支持者们在道德上的狂热，结果却是徒然。甚至连他的孙子，朱利安·赫胥黎（Julian Huxley），20 世纪一位著名的进化生物学家，也无法抵制以进化论为基础的人文主义道德观的吸引。按照朱利安·赫胥黎的观点，达尔文的进化论已经使人类

相信在他之外还存在着一种"倾向于公正的力量"；人类与盲目的进化力量在朝同一方向努力，在人类出现之前的漫长时期里，进化力量就一直在为其铸造着这个星球；他的

任务不是要对抗自然秩序，而是要使自然秩序的构建圆满地
完成……

对达尔文思想类似的人为利用也可在无神论个人拯救
计划中看到，如科学论派的创始人罗恩·哈巴德（L. Ron
Hubbard）所创的"排除有害印象精神治疗法"就宣称"其
第一法则"就是"生存是存在的动态原则。"而较近时期
里，我们所面临的是来自进化社会生物学赤裸裸的冲击，
仿佛是注定要有此一劫，它把对动物社会行为研究的最新
进展用于了描述说明人类的行为规范。

那么多内容各异的哲学构想都把达尔文的进化论当作
自己的原则依据，我们由此可以得出什么结论？如果社会
主义、自由放任的资本主义、软弱无力的人文主义和社会
生物学的原教旨主义等，都能在达尔文的著作中找到支持
自己的依据，那么我们就不得不认为：要么达尔文的论证
极其含混不清、前后矛盾，但事实显然不是那样；要么就
是进化论与道德规范之间根本没有多少关联。

第九章

综评：科学家达尔文

———————————————————————

　　科学家大致可分为实验型和理论型两大类。实验科
学家天生就无法抑制自己想要看看石头下究竟藏着什么东
西的念头，他受好奇心的驱使，且心中怀着一种合理的信
念：自己翻开石头的过程中可能会有新的发现。这类科学
家就是牛顿所自称的那类科学家，"我一直就像一个在海
滩上玩耍的孩子，沉湎于不时地发现一粒更光滑的鹅卵石
或一个更漂亮的贝壳的喜悦之中，却不知道真理的海洋就
在我的面前。"（历史所展现的牛顿可完全不是如此，还有
故事传说为证。没有证据表明，牛顿获得万有引力定律的
灵感是因为他发现坐在苹果树下通常会获得意外但有用的
信息。）理论科学家主要靠脑力而非体力，他的发现是通
过思维而不是通过翻开石块。下面这段话正是这类科学家
所写：

大约 30 年前，有许多言论认为地质学家应该只做观察工作而不应进行理论推测；我很清楚地记得有人这样说过，照这样的话，地质学家只需走进砾石坑，数一数鹅卵石，描述出这些卵石的颜色就行了。所有观察的价值在于它必定会支持或反对某种观点，若不明白这一点，那是多么奇怪啊！（ML i. 176）

达尔文是一位卓越的理论科学家。对理论科学家而言，观察是为阐释观点服务的。能将众多事实涵盖在内形成一个总的论断或观点的能力才是至关重要的：一项事实只有在能或不能被一个论点所解释时才有意义。理论科学家可能会翻开石头看，但他这样做的目的不仅仅是因为他可能会发现某种东西，而是因为他已经清楚地预料到可能会发现某种特别的东西。的确，对理论科学家而言，事实材料的地位是不确定的：如果观察家观察之初没有往"正确的方向"看，那么他就有可能看不"对"。正如达尔文曾经写道，"我一直相信，一个好的观察家应该是一个优秀的理论家"（ML i. 195）。他的哥哥伊拉斯谟，曾对化石记录作为支持进化论之证据的不确定性特征作出过评价，更明确地为理论科学家辩护，"在我看来，演绎推理是很成功的，即使事实与理论不相符，对那些事实而言也并非那么糟糕……"（L ii. 233）

达尔文的第一个科学理论是关于珊瑚礁的起源和分布的，该理论的得出正好符合上述的这种模式，它把对陆地下沉现象的总体认识与珊瑚礁的一些特征结合了起来，其中珊瑚礁的特征来自赖尔的《地质学原理》。

我的其他著作没有一本像这本那样，开篇之初带有如此明显的演绎色彩，因为整个理论是我在南美洲西海岸时构想出来的，当时我还没见过真的珊瑚礁，因此我只得靠仔细考察群居的活珊瑚虫来证实和引申我的观点。（A 57）

显然，达尔文没有进行过多的相关考察，就把这些素材构思成理论，形成了一个总的想法。这纯粹是一个形式上的论证，但却很科学，因为它能经得起批判性检验，可最初它只是作为一种复杂的思维意象存在，理论的形成取决于我们多多少少都具备的一种能力，即能够从一组正确但表面上互不相关的观点中看出它们之间存在的正式因

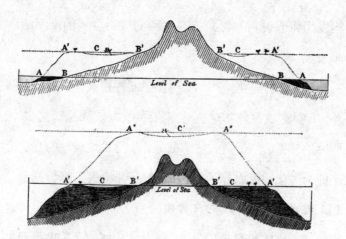

图 10 这是达尔文用来说明其珊瑚礁理论的一个示意图，不是特别容易理
解。上面一幅图中，我们看到一座山慢慢沉入海里的先后两个状态。
第一状态中，山开始下沉之前，海平面用实线表示，陆地被海边暗礁
AB 环绕。第二状态用虚线表示，珊瑚在 A' 处形成堤礁，在堤礁和陆
地之间形成一个潟湖通道 C，里面有一只小船。下面一幅图里，上图
中的第二状态在这里是起始状态，当山顶沉没到海平面以下时，便形
成一个新的第三状态（虚线所示）。然而，珊瑚继续在海平面附近生
长，形成一个环形珊瑚岛（A"）和一个中央潟湖（C'）。

果关联的能力。

　　有必要指出的是，科学理论并非诞生于真空中：一
个具体的问题、证据或收集到的一批事实都会引起科学家
的注意。某一问题暂时没有得到解决，或事实真相还没有
解释清楚，由此引起的不满足再加上好奇心的作用会引导
人们进行猜测，其结论只是一个假说。最终，通过进一步

的设想将假说与对可直接观察到的现实世界的推测结合起来。

自然选择进化论的诞生遵循了同样模式，只有一点例外，即达尔文从赖尔对拉马克的评论中就已经了解了进化假说的解释价值。当时的情况是，均变说地质学的方法论不能为进化假说本身还有适应问题提供合理解释。好奇心和不满足感在达尔文自传性质的回忆录里显而易见，"这个问题一直困扰着我"（A 71）。从"比格尔号"航行回来后，达尔文收集了"家养条件下动植物变异的各种事实证据"，希望"可以对理解整个问题有所帮助……我根据真正的培根实验原则进行工作，在没有任何理论影响的情况下全面地收集事实材料"（A 71）。几年前，彼得·梅达沃爵士（Sir Peter Medawar），一位坚持认为在科学研究中假设应优先于观察的执著人士，指责达尔文所记述下来的东西"不足信"。梅达沃这样说的时候，似乎没有充分考虑到科学家在某一段时期确实也会对如何论证一个观点把握不准，同时心头隐约会有一种直觉想法，觉得只要对它进行足够的思考就能得出一个观点。科学研究的"真正培根原则"是达尔文时代之前的事，那时候假设在指导科学行动中的价值被淹没在一个似是而非的观点中，即如果能搜集到足够的证据，其中的结论最终会不言自明，无需进一步解释。达尔文当然意识到这种做法的渺茫性，似乎心情焦虑，坦言从"比格尔号"航行回来后的一小段时间里他真的不知道自己到底在寻找什么。

随着生存斗争法则被发现，自然选择理论也近乎完整。此时，不及达尔文那样认真执著的科学家会认为这项工作已做得足够好了。进化过程的正式机理已被确定，进化假设的解释价值与物种起源问题之间的联系也已建立起来。

此时该是其理论公布发表的合适时机了吧？可达尔文却对自己的发现保持了 20 年的沉默，这引起了人们无尽的猜测：此人精神是否异常，竟然会如此长时间地捂着这么重要的知识而不发表。尽管在科学论证中纯想象（如假说）和纯逻辑（如演绎）推理在 19 世纪中期的科学界很受认可和尊敬，完全从其现实世界中的原始材料出发到得出一个论断对现实世界的影响和意义当然也被看作是完整论证过程中的一个必要环节。但达尔文却无法容忍纯粹假设性的论断，他清楚地看到它们是多么容易从有意义滑向

无意义。19 世纪早期流行的生物分类是建立在一个假设
基础上，即现实中的生物类群是按五个等级划分排列的。
当他读到五分法体系的反对者建议将其改为四分法时，他
在笔记本里抗议道："有谁会相信这种由类比和数字构成
的胡言乱语呢。"此外，他也曾对进化哲学家赫伯特·斯
宾塞作过简要评述：

> 他对待每一个问题时的推理方法和我的思想体系完全相
> 反。他得出的任何结论从来没有让我信服过：每当我读过他
> 的一段议论之后，我都反复对自己说，"这会是一个可以钻
> 研五六年的好题目。"（A 64）

为了验证他的论断可能会引出的各种结果，达尔文坚
持不懈地通过各种方式探察现实世界，包括亲自观察、搜
寻各种相关信息、查阅科学文献、通信交流和问卷调查
等。达尔文的著作之所以延缓发表，或许部分地要归因于
一种考虑，即确保自然选择进化论这样一个有争议的理论
完全正确是至关重要的，不过从达尔文对整个科学事业的
态度来看，这种推延完全符合他的个性。毋庸置疑，在过

去的几十年里，生物学中的推测内容在引出新观察方面的价值受到了重点关注。现在经常会看到假设性的概要也可出版，其形式在达尔文看来似乎还太不完备，太草率。但科学会因缺乏新奇想象而失去活力，现在有更多的人在做此类"推测与假设性质的工作"。

因此，达尔文推迟了著作的出版时间一直到所有的工作都完成且自然选择在整个进化论体系中的地位得到确保。我希望通过本书读者能对达尔文探讨自然选择进化论的各种影响时所达到的范围广度和所表现出的多种才智有所了解。达尔文首创了许多基于直觉的了不起的思想：如经济原则、性选择概念、社会行为的自相矛盾的发现及选择会在整个家庭层面上发挥作用这一解决之道的提出等，这些思想在进化理论形成之初根本不明显。达尔文作为科学家的声誉不仅取决于他发现了自然选择在进化中的有效作用，而且也因为他对此的分析相当充分完善。

关于自然选择进化论创立的大多数讨论中，人们为什么总是会优先想到达尔文的名字而不是阿尔弗雷德·拉塞尔·华莱士呢？华莱士1858年的论文和达尔文对自己观点的简要说明，都呈交给了林奈学会，就文章的简明清晰程度而言，这两者没有什么高下之分。如果这就是两位作者论证进化理论的唯一著作，那么就没有理由把达尔文高高地排在华莱士之上。达尔文与华莱士的自然选择学说同样简明精确，同样富有想象力。当然，理论成形的时间上达尔文比华莱士早了 20 年，但并未发表。几乎可以肯定，华莱士的成果完全是自己钻研出来的，跟达尔文没有任何关系。这两位伟大生物学家的区别最终表现在达尔文对该理论孜孜不倦的探索上：透过纷繁庞杂的枝蔓，最终他成功地论证阐释了除遗传和变异机理外的几乎所有问题。

面对达尔文获得的优先地位，华莱士勇于否定自我的精神同样很可贵，值得人们为此而记住他，就像记住他是进化论的共同创立者一样。任何科学家都明白这一点：一个假说对其发现者来说是如此宝贵，其意义就像孩子对于其父母一样。然而华莱士以其高尚的品德和非凡的勇气，把自己的两本著作命名为《自然选择》（达尔文的术语）和《达尔文主义》。他写在《自然选择》序言中的这段话，将作为本书的结束语。

图 11 阿尔弗雷德·拉塞尔·华 **图 12** 老年时期的达尔文
莱士, 约 1912 年

老年时期的华莱士和达尔文, 他们既是老朋友又是对手。尽管华莱士最终不肯接受自然选择进化论可用于解释人类的进化而让达尔文倍感震惊和意外, 他们彼此还是高度称赞对方。华莱士还有其他一些神秘想法, 在他漫长一生的最后岁月里方有著述。他于 1913 年去世。

我自始至终都真切地感到欣慰和满足: 达尔文先生早在我之前很久就开始从事这方面的研究了, 且最终不是由我尝试去写《物种起源》。我早就权衡过自己的优势, 深知自己无法胜任这项工作。能力远在我之上的人可能都要承认, 他们没有那种持续不衰的耐心去积累大量的证据, 也不具备那种非凡技巧去驾驭和利用那么多不同类型的事实和材料, 也没有他那样广泛而精确的生理知识、设计实验时的洞察秋毫、做实验时的老练和娴熟以及令人艳羡的写作风格：简明清晰、思虑缜密、富有说服力——所有这些素质在达尔文身上完美地结合，使他成为当今世上最适合从事并完成这一伟大工程的人。

补充读物简介

————————————————————————————

　　达尔文的所有著作在绝版将近一个世纪之后，现在已再次以英语形式出版，是由保罗·H.巴雷特和理查德·B.弗里曼编辑的（皮克林&查托出版社，1990）。达尔文的所有笔记现在几乎也都已出版（参见"引用文献及其缩写形式"），他在学术期刊上发表的论文也已由保罗·H.巴雷特整理并编辑成册出版（芝加哥大学出版社，1977）。R.B.弗里曼还特意为达尔文的著作编制了精彩的书目（道森父子出版有限公司，福克斯通，1977）。

　　近几年来，达尔文的大量信件也已由剑桥大学出版社以多卷本形式陆续出版。到2000年时，已经出版了1—11卷，收录了从早期到1863年的信件。以目前的速度，达尔文每一年的生活辑录成一卷，还有19卷要出。

　　对于一般性的研究，早期加文·德比尔爵士精彩的科学传记《查尔斯·达尔文》（1963 出版，1976 年由格林伍德出版社再版）现在已经略显得有些过时。而阿德里安·德斯蒙德与詹姆斯·穆尔合写的优秀传记（《达尔文》，企鹅出版集团，1992）极富文采，取得了全新的突破，即使还没有将前者取而代之，也已远出其右了。在所有试图对达尔文的整个科学研究工作进行综合评价的书中，迈克尔·盖斯林所著的《达尔文方法论的胜利》（加利福尼亚大学出版社，1969）是读来最令人愉悦的一本。

斯蒂芬·杰伊·古尔德的两本文集《自达尔文以来》（伯内特图书出版社，1978）及《熊猫的拇指》（诺顿图书出版公司，1980）行文诙谐机智，内容丰富，知识性很强。我也建议大家读一下他的重要专著《个体发育与系统发育》（贝尔纳普，哈佛大学出版社，1977）的第一部分，该书的题目中包含了两个专业术语，不过我设法回避了，主要是希望读者能在古尔德教授的指导下，了解胚胎发育和进化发展之间概念上的关系。

众多专门研究达尔文的书中有 3 本涉及了 19 世纪达尔文主义的一些更广泛的内容：尼尔·C. 吉莱斯皮的《查尔斯·达尔文和神创论的问题》（芝加哥大学出版社，

1979），詹姆斯·R.穆尔的《后达尔文时期的论战》（剑桥大学出版社，1979）和迈克尔·鲁斯的《达尔文革命》（芝加哥大学出版社，1979）。

关于达尔文之前人们对自然界的现象从理论上所作的解释，阿瑟·O.洛夫乔伊已在其著作《巨大的生物链》（1936）中作了相当完备的阐述，这一经典著作由哈佛大学出版社以平装本出版。一些达尔文之前的进化推测及该书第二章探讨的许多议题都在《达尔文之前的先行者1745—1859》（约翰斯·霍普金斯出版社，1968）一书中作了详细深入的论述，该书由本特利·格拉斯、奥斯·特姆金和小威廉·L.斯特劳斯编辑。

就现代进化论而言，理查德·道金斯所著的《自私的基因》（牛津平装本，1989）以讲故事的形式完全从基因的角度出发讲述进化过程。道金斯关注的主要是动物的行为，在有关社会关系演化的棘手问题上，他表现得极富想象力，且满怀仁慈心。科林·帕特森的《进化论》（大英博物馆，自然史，1978）讲述了进化生物学目前的发展状况，简明易懂，图解丰富，是一本不错的书。约翰·梅纳德·史密斯的《进化论》（企鹅出版集团，1978）及与理查德·道金斯合著的此书的现代版本（剑桥大学出版社，1993）虽较难懂，但却绝对会让人受益匪浅。马克·里德利在《进化》（牛津平装版，1997）一书中从较高深的层面上对进化这一问题作了最新阐述。